变电站设备监控与智慧巡检技术丛书

变电站智慧巡检关键技术

主 编 徐 波
副主编 刘 熊 宋小欣 钟幼平

中国电力出版社
CHINA ELECTRIC POWER PRESS

内 容 提 要

本书介绍了变电站智慧巡检关键技术，涵盖当前变电站智慧巡检所采用的多项巡检技术、巡检手段的融合，包括智慧巡检采用的机器人、无人机等核心装备的关键技术及应用场景，各种巡视手段的协同巡检模式，引用特高压和超高压变电站的智慧巡检典型场景案例，提出变电站标准化巡检模式。

本书内容科学实用，编写组为来自变电运维技术专家、高校相关技术研究方向的学者。本书适合广大电力运维人员、科研人员及相关专业的学生阅读使用，在促进变电站智慧巡检技术的创新和进步方面具有积极作用。

图书在版编目（CIP）数据

变电站智慧巡检关键技术 / 徐波主编. —北京：中国电力出版社，2023.11
（变电站设备监控与智慧巡检技术丛书）
ISBN 978-7-5198-8047-7

Ⅰ. ①变… Ⅱ. ①徐… Ⅲ. ①智能技术–应用–变电所–电力系统运行–巡回检测
Ⅳ. ①TM63-39

中国国家版本馆 CIP 数据核字（2023）第 154151 号

出版发行：中国电力出版社
地　　址：北京市东城区北京站西街 19 号（邮政编码 100005）
网　　址：http://www.cepp.sgcc.com.cn
责任编辑：罗　艳（010-63412315）
责任校对：黄　蓓　王海南
装帧设计：张俊霞
责任印制：石　雷

印　　刷：三河市万龙印装有限公司
版　　次：2023 年 11 月第一版
印　　次：2023 年 11 月北京第一次印刷
开　　本：710 毫米×1000 毫米　16 开本
印　　张：17.25
字　　数：306 千字
印　　数：0001—1500 册
定　　价：99.00 元

编写人员名单

主　　编　徐　波

副 主 编　刘　熊　　宋小欣　　钟幼平

参编人员　赵文彬　刘　佳　李　浩　龙理晴　庄延杰　董　明

　　　　　司文荣　苗树国　支妍力　王　谦　江安烽　王　亚

　　　　　熊婷婷　杨磊杰　李怀东　谢　庆　陈红强　费　烨

　　　　　唐　超　杨国锋　刘广振　孙　勇　郭丽娟　姜良刚

　　　　　师　聪　夏　杰　王　鹏　丁刚慧　李晓萌　赵莹莹

　　　　　李　琦　田　越　冯天祎　田晓声　姜鑫鑫　李永熙

　　　　　朱　瑞　李　峰　刘　爽　李国源　李　谦　郝　杰

　　　　　苗　宇　沈小军　谢　军　刘　旭　张　博　季宝江

　　　　　关　宇

参编单位　国网江西省电力有限公司超高压分公司

　　　　　国网重庆市电力公司电力科学研究院

　　　　　国网新疆电力有限公司

　　　　　国网江西省电力有限公司

　　　　　国网天津市电力公司

　　　　　国网湖南省电力有限公司超高压变电公司

　　　　　上海电力大学

　　　　　国网上海市电力公司电力科学研究院

　　　　　国网重庆市电力公司潼南供电分公司

　　　　　西安交通大学

国网辽宁省电力有限公司超高压分公司

西南大学

国电南瑞南京控制系统有限公司

广西电网有限责任公司电力科学研究院

广东电网有限责任公司珠海供电局

国网山东省电力公司超高压公司

华北电力大学

中国南方电网有限责任公司超高压输电公司电力科研院

山东电工电气集团数字科技有限公司

北京天成易合科技有限公司

国网上海市电力公司超高压分公司

浙江大立科技股份有限公司

国网安徽省电力有限公司超高压分公司

同济大学

前　言 Foreword

我国目前已经开始实施"双碳"战略，新型电力系统的建设已经成为电网企业的工作重心。随着大规模新能源的接入，用电量不断攀升，电网规模也一直保持快速增长的趋势，变电站的控制要求和安全水平必将面临新的挑战，设备巡检方面的挑战日益严重，面临着运维工作量持续增长、运行环境日趋复杂、变电站无人值守的需求等难题。在此需求上，变电站智慧巡检技术应运而生。

变电站智慧巡检是将数字化、智能化与变电站巡检业务融合的技术形态，是一种保障设备安全运行技术手段。在"双碳"战略和新型电力系统可观、可测的需求驱动下，变电巡检被赋予了更加丰富的使命。

智慧巡检的全面发展势头初露锋芒，随着无人机、机器人、高清视频和穿戴式装备的推广应用，已逐步形成了天、地、人三个层次的观测能力，能够支撑不同颗粒度的多种巡检业务，智慧巡检的发展对于提高电力设备的运行效率和可靠性，促进电力行业的可持续发展具有重要意义。

本书详细介绍了变电站智慧巡检的关键技术，从变电站巡检技术发展历程、国内外巡检技术现状、面临的挑战开始，阐述当今变电站智慧巡检的内涵特征。介绍了智慧巡检所应用到的关键共性技术和各类技术的融合，以及在智慧巡检核心装备上的应用。本书还提出了几类协同巡检应用模式，对当前变电站智慧巡检进行标准化阐述，并用实际工程实践应用案例指导广大读者开展智慧巡检相关技术研究及应用。

最后，对于本书引用的公开发表的国内外有关研究成果的作者及各制造厂家公开发表的科技成果的作者，编者表示由衷的感谢！

编　者

2023 年 6 月

目　录 Contents

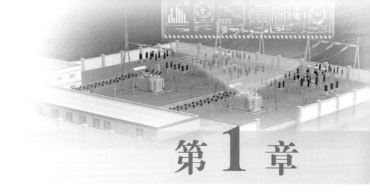

第1章

概　述

> ## 1.1　背　景 <

　　变电站是电网的节点，承担着电压变换、功率分配等重要功能，是电力运行安全的关键环节，受到电网企业的普遍重视。

　　变电设备是变电站的核心，俗称一次设备。其中最为重要的是以主变压器为代表的线圈类设备和以断路器或气体绝缘金属封闭开关设备（GIS）为代表的开关类设备。电压互感器、电流互感器、避雷器和耦合电容器等设备，俗称为"四小器"，也是需要关注的一次设备。一次设备中还包括电容、电抗等无功补偿类设备、母线引线等导体类设备和绝缘子、套管等绝缘设备等。站用避雷针、避雷线和地网等防雷设备也属于一次设备的范畴。构架、基础、建筑、排水等构筑物一般也纳入变电站一次运维的范围。变电站中除一次设备外，还包括继电保护等二次设备和自动化、通信、电源、辅助设施设备。一些具有特殊需求的变电站中，还安装有串联补偿设备、直流偏磁抑制设备、储能设备、燃气设备等。

　　近年来随着我国经济的快速增长，用电量不断攀升，电网规模也一直保持快速增长的趋势，截至 2021 年，全国的发电装机容量已达 23.8 亿 kW，全社会用电量已超过 8.3 万亿 kWh，全国 220kV 以上变电容量达到 49.4 亿 kVA。面对如此巨大的变电规模，变电运行人员数量并没有显著增长，运行压力不断增大。

　　我国目前已经开始实施"双碳"战略，新型电力系统的建设已经成为电网企业的工作重心。随着大规模新能源的接入，变电站的控制要求和安全水平必将面临新的挑战，设备巡检方面的挑战主要包括以下几方面。

1. 运维工作量持续增长

　　新中国成立以来，我国的电力事业持续发展，近十年电网呈现快速发展的态势，电网企业的规模不断扩大，截至 2020 年底，国家电网有限公司（简称国家电网）和中国南方电网有限责任公司（简称南方电网）的总资产已达 5.35 万亿元，两网全口径用工人数已超过 181 万。虽然人员规模较大，但是人均运维的资产规模体量巨大，且还在不断攀升，可以用图 1-1 示意。

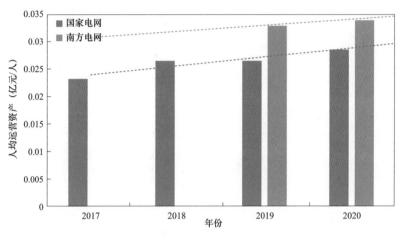

图 1-1　我国主要电网企业人均运维的资产规模

　　从图 1-1 的数据可以看出，我国主要电网企业人均运维的资产规模已经达到 250 万～300 万元/人的水平，且呈现持续增长的态势。

　　2. 运行环境日趋复杂

　　变电站作为电力输送的枢纽，承担着较为复杂的电能分配工作，从交流电网的控制原理角度来看，经典变电站的主要功能就是电压变换和开关操作，其他所有设备都是围绕这两个功能辅助工作。但是，随着输变电技术的发展，变电站的功能愈加丰富，面临的问题也更加复杂，主要表现在以下三个方面。

　　（1）新型设备的应用广泛。例如，串联补偿平台、静止无功补偿装置（SVC）系统、静止无功发生器（SVG）系统、储能装备等，这些设备大多数都需要较为复杂的控制逻辑，大大增加了运行维护的难度。

　　（2）设备老化的问题需要关注。我国电网容量的持续增长，解决了经济高速发展的需求，但是短时间内投入大量的设备，会出现集中老化的问题，给运维工作带来较大压力。

　　（3）灾害性天气引发设备问题。近年来气候变化导致高温、强对流和雨雪冰冻等灾害性气象频发，造成气体绝缘设备压力过高、开关频繁动作，低温天气导致户外设备故障等问题。

　　3. 变电站无人值守的需求

　　交流变电站作为一个自动化程度较高的系统，从诞生之初就是以自动化作为主要运行方式的，随着技术的发展，可靠通信和远程监视技术已经逐渐成熟。我国各级电网已经把变电站无人值守作为提高劳动生产率的目标。

但是，在无人值守条件下，如何对设备进行巡检就成为必须解决的技术问题，需要在生产实践中不断摸索，完善相关的运行技术和管理技术。智慧巡检就是在这一背景条件下逐步发展起来的一种新兴技术体系。

》 1.2　变电巡检技术的发展沿革 《

设备的巡视、巡检是工业革命的产物，虽然机器的大规模使用在很大程度上代替了人工，但是机器的运转存在着一定的不可靠性因素，因而需要对机器的运行状态和工作情况进行及时了解。电力生产技术从诞生开始就有较高的自动化水平，因而保障设备的正常运行就是其主要的生产模式。世界上最早的电网是从发电厂开始延伸的，公认最早的成熟发输电系统可以追溯到19世纪七八十年代，当时建成了世界上最早的商业运营发输电网，同时也开启了以设备巡检作为电力生产模式的先河。

我国电力工业起步较晚，真正的电力工业发展是在新中国成立以后。1949年在人民政协领导下成立了中央人民政府燃料工业部，并开始对电力行业的工作标准进行规范。1951年6月颁布了《变压器运行和维护规程》，其中就已经规定了变压器巡检相关内容，第7条规定了例行检查条款，要求主变压器、备用变压器都要纳入巡检范围，明确了有人站和无人站的差异化要求，给出了油位、油色的巡视目标，提出了保持防爆装置完好以及特殊天气条件下的特巡等细则，这些内容至今依然适用。

随着我国经济的发展，电力规模有所提升，到20世纪70年代末期，我国发电装机容量约0.6亿kW，全年发电量不足0.3万亿kWh。1972年我国建成了第一条330kV超高压输电线路并投产，1981年我国又建成第一条500kV输电线路，标志着我国进入了超高压电网的时代，变电设备的巡视运维技术发展迎来了第一个高峰，在线监测技术逐渐引入我国。随着改革开放的深入，电力供应逐渐不足，全国范围内掀起了大规模电源建设的浪潮，对发电设备的重视程度远高于变电设备，变电站检修和巡视的要求也基本与发电设备配合，以定期检修为主要策略，以大修、小修和运行巡视作为主要运检手段，其中变电站巡检的技术要求一直沿用至今。

经过20年的发展，进入21世纪，按照电力发展的需求，我国施行了厂网分开的政策，电网公司作为以输配电业务为主体的公司开始独立运营，电网规模得到快速增长。面对大规模的设备增长，定期检修和人工巡视已经不能适应，2010 年前后国家电网和南方电网先后实施了状态检修管理策略，将带电检测等巡检工作纳入检修范畴，之后又广泛实施了变电站无人值守等改革。我国电网的绝大部分 220、330、500kV 变电站已经实现无人值守，变电站巡检已经成为主要的生产活动，变电站人工巡检的工作也从驻站式人工巡检发展为以集控站为中心的少人流动巡检模式。

　　本书对我国变电站巡检的阶段进行了总结，如图 1-2 所示。

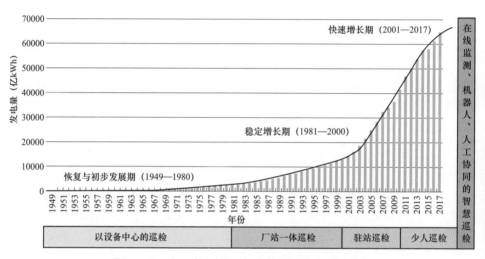

图 1-2　我国变电站巡检模式的发展历程示意图

　　可以看出，我国电力巡检模式的发展是与电网规模、经济基础和技术进步密切相关的。设备巡检技术随着巡检模式的变化和不断发展，从最早的人工抄表、电话报告的模式逐步发展到远程监控、自动预警的阶段。智慧化巡检技术是将先进的信息化、智能化、机器人等技术应用到变电站巡检工作中的融合创新。

》 1.3　变电巡检技术的发展现状 《

1.3.1　国外技术现状

　　美国、欧洲等国家是电力工业的发源地，变电站巡检方面已经发展成为专业化的细分市场，通常由专业的电力设备服务公司为变电站设备提供巡视服务，一些检测设备制造企业也参与到巡检工作中。检测的工作通常是以设备为中心，由业主制定巡视清单作为交付目标，由专业公司负责执行。具体巡视的设备主要为变压器、断路器、隔离开关、避雷器等一次设备。

在巡检技术方面，机器代人是主要发展方向，通常是以机器人为载具，搭载巡检设备进行作业。如图1-3～图1-5所示，以日本为代表的一部分国家，较早尝试采用机器人代替人工开展变电站巡视。早在1980年，日本就开始将移动机器人应用于变电站中，采用磁导航方式，搭载红外热成像仪，对154～275kV变电站的设备致热缺陷进行检测，虽然取得了较好的效果，但是并未全面推广。2008年前后巴西、加拿大等国家，开展了变电站导轨机器人的尝试。2013年，

(a) 变电站巡检机器人

(b) 地下管道巡检机器人

(c) 涡轮叶片巡检机器人

(d) 配电线路检修机器人

图1-3　日本的电力巡检机器人

图1-4　美国研制的电力巡检机器人

图1-5　加拿大研制的电力巡检机器人

加拿大和美国等国家研制了检测及操作一体化的巡检机器人，采用全球定位系统（GPS）定位方式，在 735kV 变电站实现视觉和红外检测，并能远程执行开关分合操作。同一时期，新西兰等国家还研制了具备双向语音交互和激光避障功能的巡检机器人。

1.3.2　国内技术现状

我国智慧巡检技术起步较晚，但是发展较快，随着电网规模的快速增长，电力巡检技术也在快速发展，在线监测、带电检测、机器人、无人机、二次巡检等巡检技术的智能化程度不断提升。在 2015 年前后，我国电力巡检机器人已经在国外市场崭露头角，到 2020 年我国电力巡检机器人的应用已经非常广泛，应用规模居世界前列，为智慧巡检技术的发展奠定了基础。

在机器人巡检技术快速发展的引领下，图像、红外、紫外和超声等先进的检测装备已经实现了机器人搭载。在巡检数据爆发式增长的背景下，加速了云计算、数字孪生、知识图谱等技术在巡检信息处理方面的深度应用。在巡检手段和移动作业需求驱动下，物联网、安全通信、无线定位等通信技术在变电巡检领域得到了拓展。在巡检业务复杂程度不断提升的情况下，巡检标准化和协同巡检已经逐步成为我国电力巡检的主要发展方向。

≫ 1.4　变电巡检业务面临的挑战 ≪

采用现代传感器技术进行设备检测的理念已经深入人心，大量设备检测技术被应用到设备检测中，这大大增强了设备状态监测的能力。这种技术大大推进了两个方面的变化：一方面是将检修模式从定期检修（TBM）转向了状态检修（CBM），另一方面是将巡检模式从人工巡检推进到数字化巡检。

随着人工智能的发展，变电站巡检工作的性质已悄然发生了变化，这一变化可以用图 1-6 进行表述。

图 1-6 显示了我国电网运维检修中巡检工作目标的变化，可以看出由于状态检修、智能化变电站以及调控一体化等方面工作的开展，巡检数据和巡检工作的应用领域已经逐步从运行监视转向检修和控制。

在多目标、多任务的背景下，自然对巡检工作的质量提出更高的要求，限于目前的技术能力和应用水平，巡检工作还存在着较多的问题，主要可以归纳为以下几个方面。

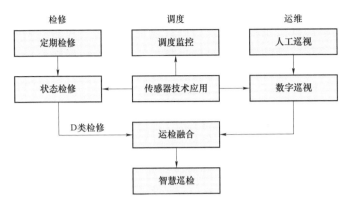

图 1-6 设备巡检性质的潜在变化示意图

1. 检测结果可靠性不足

经过多年实践，各电网企业已经在变电设备上安装了大量传感器，并积累了大量经验，这些传感器从物理量的类型方面可以分成电量与非电量两大类；从检测模式方面可以分成带电和在线两类；从数据处理的成熟程度方面又可以分成基础型和智能型两类。

虽然依靠这些传感器和系统可以捕捉到大量缺陷信息，避免了一些故障，但是局部放电、超声波、红外线、紫外线、温度、压力等多种物理量的检测，都存在可靠性问题，漏报、误报还广泛存在，这已经给调度监控和运维检修部门造成困扰。因而需要从检测手段、方法方面进行加强。

2. 智慧化程度有待提高

传感器的可靠性可以依靠人工智能手段进行提升，这需要从多个方面入手解决。第一是采用智慧化的数据分析，主要是基于设备的物理模型和物理场传播规律，进行校验；第二是采用连续检测的手段，分析检测和监测结果的发展趋势，给出可靠性的结果；第三是通过对比手段，以大数据分析的手段找出异常设备。这些功能需要智慧化的后台才有可能实现。

智慧化还体现在应变能力方面，巡检作业机器人是这一任务的最佳解决方案，当发现某设备可能存在问题时，巡检机器人可以靠近风险设备进行确认，对异常发热、异常振动、异常气体进行确认，并可以替代人工进入 GIS 地下空间、电缆沟、高电场区等风险环境进行检测。

虽然，变电站巡检机器人已经发展了较长时间，但是巡检作业机器人自主智能化水平还明显不足，任务路径自规划能力有限，作业机器人的机械控制功能还需要提升。

3. 数据共享和应用不够

智慧化巡检尚处于发展初期，数据量爆发的问题已经初见端倪，这已经体现出巡检数据应用方面的短板。另外，带电检测巡检数据信息共享和贯通问题已经限制了机器人和巡检技术推进。

》 1.5 变电巡检技术的发展趋势 《

我国电力发展将继续保持增长的势头，电力设备规模将有较大增长空间，变电巡检技术也有极大的发展需求，在可观的未来至少有 5 个方面有明确的方向。

（1）先进检测技术的发展需求。随着新型电力系统的建设，设备运行环境将更加恶劣，设备无人化的水平将进一步提升；分布式能源的发展势必催生一大批荒原、海边（上）的变电站，设备巡检的智能化和自主化要求会进一步提升；另外，随着资产效能管理地位提升，变电检修成本势必成为电网发展的关键要素，精准检修的需求势必要求巡检质量进一步提升。

（2）巡检信息融合的发展需求。随着智慧巡检的大规模开展，信息爆炸会成为首要的挑战，数据冗余、数据冲突、信息重叠等现象是意料之中的，巡检信息融合方面的技术将成为智慧巡检的发展基础，大量的数据信息化和知识化将成为智慧巡检知识仓库建设的一个不可或缺的步骤，数据融合、信息融合和业务融合将成为智慧巡检发展的主要数字支撑。

（3）专业巡检装备的发展需求。巡检装备是发展智慧巡检的基础，也是提升巡检能力的关键。无人机、轮式机器人、行走机器人等高性能、高通过性载具必将带来现场巡检能力的提升；高清高速的视频、多光谱检测、超声成像等新型的检测装备势必对变电站、换流站等关键设备的巡检工作带来质的提升；可穿戴设备、滞留式传感和内置传感装置与巡检业务的结合，必将给巡检质量的提升带来契机，同时也为多源、多物理场的联合检测创造条件。

（4）高效巡检模式的发展需求。巡检装备和巡检业务的发展势必造成多种巡检手段共存的态势，因而必须通过"协同模式"提升巡检效率，达成多种巡检手段的目标协同、时间协同和性能互补，减少信息冲突，充分利用冗余，实现多角度、多指向的高效巡检。

（5）巡检作业标准化的发展需求。未来变电巡检必将成为电网运行的主体工作内容，大量新技术、新装备和新模式的应用将会使变电巡检逐步向智慧巡检方向推进，标准化的工作将会是智慧巡检技术健康发展的保障，是技术引领、技术推广和技术共享不可或缺的一环。

» 1.6　智慧巡检的内涵与特征 «

　　智慧巡检是顺应我国电力发展需求，在多种技术取得较大进步的基础上，经过技术融合和多体协同而形成的一种设备运行保障方法，它是将数字化、智能化与变电站巡检业务融合一体的技术形态，包括以下内容：通过引入传感、通信和数字化等技术，研发高效的检测装备，提高巡检的有效性和准确性；通过研发巡检机器人、无人机等自主化巡检装备，开发机器代人的相关技术，提高巡检工作安全性和时效性；通过开展人机协同、信息互通和人工智能，建立智能化的巡检系统，提高巡检工作的综合效率。

　　在技术水平方面，智慧巡检还处于探索和起步阶段，在网络通信、智能感知、数据分析和人工智能等技术快速发展的驱动下，变电站巡检技术也得到长足的进步。变电站内的网络通信与数据处理等基础设施已经逐步升级改造，轮式机器人、轨道机器人和四足机器人等巡检机器人技术日渐成熟，给发展智慧巡检奠定了技术基础。

　　在业务发展方面，智慧巡检已经能够显现出其内在价值，在"双碳"战略和新型电力系统可观、可测的需求驱动下，变电巡检被赋予了更加丰富的使命。现场安全管控和可靠性要求的提升，对变电巡检工作的质量提出了更高的要求。来自多个方面的业务需求极大地推动了变电巡检的融合进程，业务融合的同时带动了现场信息融合和技术融合，监测、检测和巡视等业务的多维融合势头给智慧巡检的发展提供了契机。

　　在装备条件方面，智慧巡检全面发展的势头已经初露锋芒，随着无人机、机器人、高清视频和穿戴式装备在巡检业务中的推广应用，已经逐步形成了天、地、人三个层次的观测能力，能够支撑不同颗粒度的多种巡检业务，同时也具备了应对紧急和危险业务的能力储备。装备水平的提升为智慧巡检的发展提供了能力支撑，同时也是智慧巡检技术高起点、高水平、高要求发展的外在表现。

　　在人机协同方面，智慧巡检已经成为辅助巡视的主要模式。随着设备规模的增加，传统的人工巡检必然成为重点保障和紧急保障的业务主体，而面对大规模的巡检任务，机器巡检必然成为普遍保障和日常巡检的业务主体。在机器人能够完成人工安排计划任务的基础上，发展自主任务和智慧处置等功能势必成为机器巡检业务的主要方向，人机协同也势必成为智慧巡检的主要推广方式。

在作业标准方面，智慧巡检业务和技术标准都亟待填补空白。我国的电力企业已经制定了变电巡检、带电检测、在线监测、信息通信、电力物联方面的诸多标准，给智慧巡检的标准化奠定了基础，但是还缺乏智慧巡检的专用标准。标准化是推进工业技术快速聚焦的手段，同时也是技术成熟度的重要标志，因而推进智慧巡检必须同步建立新标准，并实现技术兼容，才能保障智慧巡检的技术和业务在健康、有序的道路上不断前行。

第2章

关 键 共 性 技 术

2.1 技 术 背 景

　　近年来，为了提升变电站现场的设备运行维护智能化水平，多种新型智慧巡检技术正在国内外电网应用及推广。在国内，利用机器人、直升机和无人机的变电站和输电线路智能巡检技术在多个电网公司逐步推广应用，相继出现了光学（红外、紫外及可见光等多光谱）、声纹识别、多种类型局部放电检测等，且逐步向多参数、综合及智能化等技术方向发展，出现了多源融合评估及诊断的技术与方法。国家电网和南方电网已发布实施了一系列变电设备和输电线路状态监测、带电检测、状态评价、风险评估相关的规范和标准。近年来通过数据中心、运营监控中心等系统建设，以及现有的输变电设备状态监测中心大都采用统一的通信标准，实现了不同输变电设备在线监测系统的集成与信息共享，同时初步集成了智能巡检、设备管理和电网运行调度数据，初步具备了电网设备的大数据应用分析基础，且已经开展了基于大数据分析的电力设备状态评估的应用研究。在国外，更多的无损检测技术在电网中得到应用，如 X 成像、声发射、工业用计算机断层成像技术（工业 CT）等。借助于互联网及人工智能技术，电力设备智慧巡检向移动感知、智能分析与诊断领域发展。基于虚拟现实（VR）技术已在电力设备巡检中得到应用，可大幅提升设备状态参数的信息化、多源化、可视化水平，物联网技术、智能电能表与各种检测技术相结合，实现了电力巡检的自动化、智能化，提高了数据准确性，大幅降低了人力成本。基于云计算技术，与数据挖掘、边缘计算等技术相结合，通过对海量数据的分析处理，能够实现智能化决策。

　　随着社会科学技术的发展，现代信息及智能技术得到空前的重视，已经深入社会的各行各业。世界各国已提出了各自特色的智能电网发展规划，其中的主要内容之一就是大力开展输变电装备的状态监测和状态评估等，实时掌握输变电设备的运行状态，从而将以往的粗犷型运行策略和"灰箱"运行控制升级到精细化运行策略和"透明"运行控制。世界各国在输变电装备的信息化、智能化方面均处于起步阶段，只有部分电力装备的部分状态参数实现了在线监测。

我国也提出了坚强智能电网的建设理念，并不断推出智能装备、状态检修相关的系列行业标准，积极推进输变电装备的信息化、智能化运行控制。在智慧巡检方面，我国已经装备了大量的监测装置，积累了丰富的输变电装备运行状态参数数据，已走在了世界前列。而此后的输变电装备故障诊断、状态评估、风险预测、运维策略等深层次应用的理论和技术始终缺乏突破性的进展，仍需加大研发力度。由于设备故障的复杂性和随机性，对设备的故障产生机理、特征参数、演化规律都还不完全清楚，限于传感技术、状态监测技术和数据处理技术水平，数据质量不够高，诊断结果不准确。此外，输变电设备智慧巡检需要的数据种类繁多，存在直接从各业务应用系统读取出来的源数据不规范、不完整等问题，同时还存在数据冗余、冲突、错漏、异常（如含有尖刺、飞点、突变等）等问题，数据质量有待提高。

» 2.2　技术研究内容 «

输变电设备智慧巡检以设备状态的准确感知为目的，而当前状态评估方法仅能对设备当前状态进行等级分类，缺乏对设备潜伏性故障发展过程等状态动态演化过程的表达，无法全面掌握故障演变与表现特征之间的客观规律，难以实现潜伏性故障的发现和预测，也难以准确估算设备的故障率。多数状态评估方法过分依靠专家经验和主观假设，评估结果不够准确细致；许多参数和阈值的确定主要基于大量实验数据的统计分析，缺乏反映设备个性化差异的途径。基于大数据分析的状态评估方法刚刚起步，缺乏针对现场大量数据的具体有效的挖掘方法，远未掌握设备状态与故障概率之间的关联关系，较少关注设备状态、电网运行和环境信息之间蕴含的内在规律和关联关系，大量相关数据远未得到充分利用，不能满足全面掌握设备真实健康状态与运行风险的需要。与输变电设备状态信息相关的各业务应用系统独立运行，设备状态评估结果主要用于设备的检修安排，未将设备状态融入电网运行之中，没有发挥设备状态评估结果在保障电网安全、高效运行方面的作用。电网设备状态监测技术的主要作用之一就是及时预警，消除事故隐患，进而保障电网和设备的安全运行。若要达到这项目标，要求设备状态监测技术和装置具有较高的准确性，能够比较准确地反映设备的实际状态。现有的电网设备状态诊断技术，除了红外测温装置、变压器油中溶解气体检测技术与装置等少数监测技术具有较高的诊断准确度之外，大部分的状态监测与故障诊断技术的准确度不够理想。需要研究创新检测方法和诊断原理，创新应用先进的传感技术，提升检测与诊断的准确性。此外，电网设备状态监测技术仍然以离线检测为主，带电检测技术和装置的应用相对较少。其中，带电检测需要操作人员，在现场实践中存在人身安全隐患。为消除人身安全隐患，应加强监测技术的智能化、自动化。

随着坚强智能电网的建设，以及未来全球能源互联网和清洁能源的发展，电网运行的复杂程度和电网事故的严重后果与当前相比大幅提高，因此电网的可靠性要求大幅提升。太阳能、风能等大幅随机波动性电力对电能质量的控制要求更高。台风、雷暴、大范围覆冰等极端天气可能造成的破坏也更大。为了适应上述可靠性和电能质量等方面的要求，电网运行维护应该更加智能化、精细化。输变电设备的运行状态、电网的拓扑结构、环境气象条件和用户之间应该实现实时动态的信息互通和优化控制。现有的输变电设备状态监测技术和评估方法，应该加入环境影响因素，进而形成实时、动态变化的关于输电能力和可靠度的诊断结果，并且要将设备状态的诊断结果融合到电网的优化运行控制之中，进而形成更加真实的、实时动态变化的电网运行控制策略。

大部分输变电设备的状态监测技术和装置存在成本高、可靠性低、操作工作量大、体积大等缺点，使得针对状态监测装置的维护工作量甚至大于针对主设备的维护工作量，因而设备状态监测技术难以推广应用。从提升劳动效率、管理效率和经济效益方面而言，设备状态监测装置应该成本低、免维护、寿命长（可靠度高）、体积小巧（安装简便），尽量不带来新的安装、维护工作量，才能充分体现其存在价值。

随着高压设备单台容量和电压等级的不断提高、大功率电力电子装备的不断应用，对检测仪器和诊断设备也提出了一些新要求。如换流站干扰环境下的局部放电检测、阀厅状态监测、大型电力变压器直流偏磁、剩磁消除等，以及高电压大功率直流换流阀、柔性直流换流器、高压直流断路器等新型装备的状态监测，需要研究开发新的方法、技术和仪器。

综上所述，电力系统智慧巡检技术需要在硬件层实现检测装置低成本、免维护、高可靠性、易安装，传感器高准确性、实时性、高抗干扰能力；在平台层实现检测技术的智能化、自动化，数据处理的高效、充分、准确；在应用层实现状态评估的准确性，反映不同个体之间的差异性，并将评估结果与电网的实时运行结合起来，保障电网安全高效运行。为满足以上条件，需要对图 2-1 中各方面关键技术进行研究。

图 2-1　电力设备智慧巡检架构图

≫ 2.3　关　键　技　术 ≪

电力系统智慧巡检技术主要有三个功能：智慧获取、智慧传递、智慧应用。智慧获取以电力物联网技术为中心，通过具有多种检测技术的智能终端实现信息的智慧获取，通过红外成像检测、紫外成像检测、声纹识别、特高频局部放电检测、超声波放电检测、暂态地电压局部放电检测、高精度定位等技术，实时获取电力系统的多维信息。智慧传递即以新一代通信技术为中心，结合多种网络技术，实现信息的智慧传递，保证信息的安全高效流通。智慧应用即以云计算为中心，结合人工智能技术、边缘计算、数字孪生技术、知识图谱等技术，实现对数据的分析处理，以提炼关键信息、判断电力设备的健康状态、预判设备隐患、识别设备故障。最终满足电力系统巡检的远程化、智能化、可视化、立体化、安全化需求。智慧巡检体系及其技术如表 2-1 所示。

表 2-1　　　　　　　　　智慧巡检体系及其技术

功能	技术
智慧获取	物联网技术 + 采集感知技术（高精度测量技术、采集传感技术、红外成像检测、紫外成像、声纹识别等）
智慧传递	新一代通信技术（5G、IPv6 网络、网络切片、网络安全等）
智慧应用	云计算 + 新一代计算技术（人工智能技术、边缘计算、数字孪生技术、知识图谱等）

2.3.1　红外热成像检测

红外热成像技术通过检测热辐射红外线来诊断被测物体的温度,已逐步克服了太阳光的影响,摆脱了以往只能在夜间使用的限制。该技术已广泛用于输电线路、变电设备、配电设备和电力电缆等设备的异常发热缺陷的带电检测,形成了比较成熟的带电检测设备异常发热的检测技术。基于红外热成像技术的带电设备异常发热缺陷诊断方法相对比较简单,红外诊断方法比较成熟,诊断技术应用导则已形成行业标准,红外热成像仪技术规范已经形成了企业标准。

热成像仪虽然能保存被测设备的温度图像数据,但是缺乏数据结构化能力,同时后期需要花费大量的数据处理成本,保存的检测数据未被有效管理,最终沦落为没有价值的无效数据。

红外测温技术能够在短时间内产生大量的图片,在筛查图片时仅依靠人力往往无法及时找出故障,巡检时间和计划安排也无法达到预想效果。同时,由于对检测人员的依赖性较强,测温设备的更新、调整无法对设备的使用发挥有效作用。若能利用机器学习技术,在已有红外测温的案例的基础上,实现对所拍摄的红外图片及视频的自动设备识别以及针对性的温度预警,则能克服红外测温效率低、人为因素大等缺点,从而形成标准自动化的设备温度预警作业流程。因此,基于深度学习的动态红外图像识别技术是变电运行中红外测温技术发展的主要趋势。

利用往年红外测温设备在巡检过程中积累的大量红外图片,对不同的设备、材料建立标准的数据库,在此基础上基于深度学习技术实现对红外图片中不同设备的识别及定位。同时,对不同材料、不同条件下设备的温升特性、温度预警点形成差异化的数据库,在巡检人员输入不同的设备信息后能做出针对性的监测结论。运用此技术的红外测温设备,需配备相应的图像分析系统和相应的功能处理软件,这样,不仅可以对红外测温设备监测到的变电设备状态进行分析,还可以根据相关参数进行定量计算,达到对设备进行动态监测和状态预测的目的。这样的动态红外测温已成为一个系统,可以分为监控现场和集控中心两个部分。在监控现场形成一套动态监控系统,红外监测的数据流信号通过监控端口到达监控服务器,并通过监控服务器到达集控中心,通过集控中心计算机即可对各监控现场进行实时地动态监控,如图 2-2 所示。

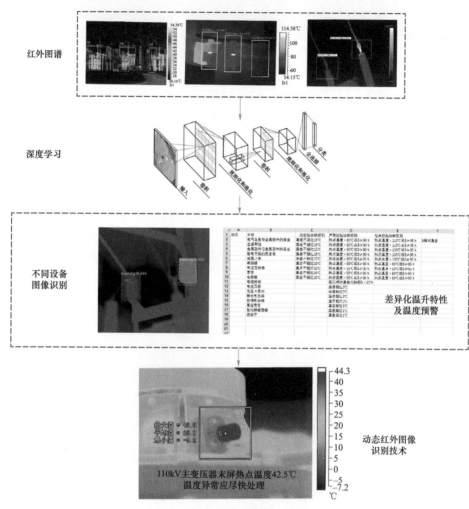

红外图谱

深度学习

不同设备
图像识别

差异化温升特性
及温度预警

动态红外图像
识别技术

110kV主变压器末屏热点温度42.5℃
温度异常应尽快处理

图 2-2   动态红外图像识别技术

2.3.2   紫外成像

日盲紫外检测技术可对绝缘子的放电进行检测，从而及时发现绝缘缺陷，避免事故的发生。在气体具有导电性能的情况下，电流通过气体的现象称作气体放电，气体放电在科学技术的发展中起着重要的作用。运行过程中的输变电设备外绝缘表面发生气体放电时，会辐射出光波，辐射出的光波的光谱会包含着可见光、紫外线和红外线。

由气体放电理论可知，输变电设备表面发生外绝缘放电时会伴随着光、声、热等现象，其中光辐射的光谱包含红外线、紫外线。红外线在空气中易衰减，而紫外光信号在空气中传播时衰减较小，位于日盲区的紫外线更是不易受到阳光等因素的干扰，较为稳定。因此，采取日盲紫外光信号对外绝缘设备进行放电检测是很有意义的。在气压气隙乘积较小的情况下，输变电设备外绝缘放电可认为是汤逊放电形式，在此阶段可认为紫外辐射强度由放电时的发光现象所决定。因此，从另一方面可认为紫外辐射强度在这一时期取决于带电粒子的运动速度与带电粒子的密度；带电粒子的运动速度由空间电场强度所决定，带电粒子的密度则由外绝缘放电程度和大气环境共同决定。标准大气压下，可将输变电设备外绝缘放电视为流注形式的放电。由于流注发展的主要原因是碰撞电离和空间光电离，而空间光电离的程度决定了紫外辐射强度，带电粒子的碰撞则与粒子的运动速度及浓度有关。因此，在输变电设备外绝缘放电的两种形式中，紫外辐射强度都可以反映出输变电设备外绝缘的放电强度和电场强度。通过以上分析，利用紫外辐射强度来进行高压电气设备外绝缘放电检测是可行的。

对于输变电设备外绝缘放电的紫外检测，主要考虑的是能辐射出光子的等离子辐射，即激发辐射、复合辐射和韧致辐射。通过对几种辐射的研究可知，气体放电时产生光辐射既可以产生线状光谱，也可以产生连续光谱，其光辐射的功率、波长分布与电离区域的离子、自由电子的密度以及电子的温度有关。

相对于传统的放电检测方法，紫外检测具有以下的优点：① 能够在远距离不接触的情况下，实时快速地以在线检测方式获取设备的运行状态信息；② 高清晰度、直观、形象、抗干扰能力强、经济可靠；③ 手段规范、操作单一，可在设备运行的过程中直接对故障的原因进行诊断分析。因此，凡是有外部放电的地方就可以用紫外成像仪观察到电晕。紫外成像技术是维护特高压电网安全可靠运行的一项行之有效的现代化技术手段，因此开展高压设备的紫外成像检测对预防设备的故障、指导设备维护检修和提高电网的安全稳定运行具有十分重要的意义。利用紫外成像仪对输变电设备进行检测，实现高压导线散股、断股、外部损伤、高压设备污染程度、绝缘子劣化等高压电气设备绝缘缺陷检测。

紫外成像技术通过检测放电所产生的紫外光辐射来探测放电位置，逐步推广应用于输电线路、套管、电流互感器、电压互感器、耦合电容器、避雷器、敞开式 SF$_6$ 断路器、开关柜等设备，形成了比较成熟的带电检测设备放电部位的检测技术。其中带电设备紫外诊断技术应用导则也形成了行业标准，紫外成像仪的技术规范已经形成了企业标准。

2.3.3　声纹识别

1. 技术应用背景

在变电场景中，变压器、电抗器、电流互感器、电压互感器等都是重要的一次电气设备，在日常巡检过程中，经验丰富的运维人员可通过听取设备的异常声音来判断设备是否存在缺陷。但人耳听音对运维人员要求较高，且容易造成主观误判，更无法实现 24h 的不间断监测。此外，设备发生放电时产生的超声波，人耳也无法听到。

随着声纹识别技术的不断发展，声纹监测装置可监测 20Hz～60kHz 的可听声和超声，实现对电气设备异常声音的监测和识别。声纹监测与识别已成为新一代巡检应用技术。

2. 技术发展概况

国际上已将声纹识别技术逐步应用于工业生产领域，技术方案也日趋成熟。应用声学指纹技术可进行声纹检测，即通过对一种或多种声音信号的特征分析来检测未知声音的有无，还可进行声纹识别，即通过分析一种或多种声音信号的特征来达到辨别出未知声音类型的目的。

在声纹识别技术的工业应用中，特别是在变电设备异音识别应用方面，因为在现实的场景中，往往很难获取足量的异常数据样本进行数据模型训练，且设备的异常状态往往是不可枚举的，只能列出有限的异常种类，因此主流的解决方案是通过采样足量的设备正样本进行无监督学习与预测，当检测到设备的噪声状态发生明显偏离后及时预警。确认为异常故障后再进行负样本标定，从而对异音类型诊断功能进行不断迭代和优化。总体而言，随着声纹监测装置的大量应用，声纹识别技术将得以不断发展和完善。

3. 主要应用功能

声纹识别技术的主要应用功能如下。

（1）声音监测可视化。声纹监测设备采集目标设备运行状态下的声学信号，进行可视化展示，可生成时域图、频域图及时频图（声纹图），如图 2-3 所示。

（2）异常声音检测。通过环境声音与正样本的比对，一旦检测到设备噪声偏离正样本，即可进行报警。

（3）异常声音诊断识别。通过声音检测，逐步建立并积累设备噪声状态的数据库，通过标定训练及模型优化，实现对多种异常声音的学习和诊断。

4. 其他声纹识别技术

基于声纹识别技术、结合硅麦克风阵列的声源定位技术，将声源位置与可见光图像进行叠加，可实现对异常声音特别是超声波的声源定位与声学成像，可应用于变电站内设备的局部放电检测，如图 2-4 和图 2-5 所示。

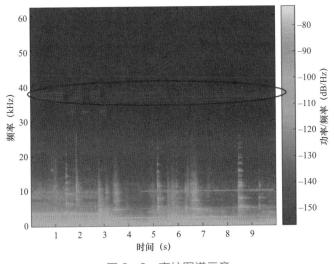

图 2-3　声纹图谱示意

图 2-4　声源定位与成像原理示意

图 2-5　声源定位与声学成像示意

2.3.4　特高频局部放电检测

超高频检测（UHF）是局部放电检测的常用手段，该方法通过天线传感器接收局部放电过程辐射的高频电磁波，实现局部放电的检测。在 20 世纪 80 年代末，UHF 法测量局部放电首先应用在 GIS 设备中。该技术的特点：检测频段较高，可以有效地避开常规局部放电测量中的电晕、开关操作等多种电气干扰，检测频带较宽，且具有较高的检测灵敏度，此外还可识别故障类型和进行故障定位。UHF检测的特点使其在局部放电检测领域具有其他方法无法比拟的优点，因而在近年来得到了迅速发展和广泛应用。在变压器油中及 SF_6 气体中所产生的局部放电电流脉宽极窄，能够激发出很高频率的电磁波，最高可达吉赫。由于设备现场运行环境复杂，不可避免地存在电磁干扰，其电磁频段大多在300MHz 以下，UHF 检测法频带较宽，可采用窄带或滤波方式有效地避开此类干扰的影响，提高测量的信噪比，较适用于现场检测。此外，UHF 检测法对多种类型的放电类缺陷都有较好的灵敏度，配合局部放电的定位能够及时有效地发现绝缘故障先兆，避免绝缘故障的发生。

超高频局部放电检测技术是国际上对 GIS 类设备普遍采用的状态监测技术。便携式检测仪器主要由超高频传感器、高速数据采集单元、分析诊断软件三部分组成。其中，超高频传感器用来收集由局部放电脉冲激发并能透过绝缘介质向外传播的超高频电磁波信号，同时将该信号转换成可以通过高速数据采集单元进行采集的电信号；高速数据采集单元将传感器收集并转换后的电信号变成数字信号存储到计算机中；分析诊断软件利用自带的且能够不断学习扩充的谱图库对存储的数字信号进行分析诊断，评价局部放电类型和严重程度。

通过采用便携式超高频局部放电检测仪器对变压器、GIS 等设备进行检测，可以有效发现设备内部存在的局部放电缺陷，为避免突发事故、合理安排检修计划提供决策依据。

2.3.5 超声波放电检测

电力设备在放电过程中会产生声波。从能量的角度来看，放电是一个能量瞬间爆发的过程，是电能以声能、光能、热能、电磁能等形式释放出去的过程，在空气间隙中发生电气击穿时，放电瞬间完成，其电能瞬时转化为热能导致放电中心气体的膨胀，这种瞬时膨胀的结果以声波堵塞形式传播出去，就是最初的声源，随着最初的声波传播，传播区域内的气体被加热，形成一个等温区，其温度高于环境温度。当这些气体冷却时，气体又开始收缩，收缩的结果就是较低频率和强度的后续波，它可以是可闻声波或超声波。超声波是指振动频率大于 20kHz、人在自然环境下无法听到和感受到的声波。超声波产生原理如图 2-6 所示。

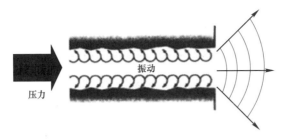

图 2-6　超声波产生原理

放电产生的声波的频谱很宽，可以从几十赫兹到几兆赫，其中频率低于 20kHz 的信号能够被人耳听到，而高于这一频率的超声波信号必须用超声波传感器才能接受到。

声能与放电释放的能量之间是成正比的，虽然在实际中，各种因素的影响会使这个比例不确定，但从统计的角度来看，二者之间的比例关系是确定的。

从局部放电的机理可知，局部放电的初期是微弱的辉光放电，放电释放的能量很小，放电的后期出现强烈的电弧放电，此时释放的能量很大，可见局部放电的发展过程中放电所释放的能量是从小到大变化的，所以声能也是从小到大变化的。根据放电释放的能量与声能之间的关系，用超声波信号声压的变化代表局部放电所释放能量的变化，通过测量超声波信号的声压，可以推测出放电的强弱，这就是超声波信号检测局部放电的基本原理。

局部放电超声检测法的特点如下：

（1）采用超声传感器，容易克服电磁干扰的影响。

（2）对介质类型比较敏感，适合检测空气介质放电，比较适合检测套管、终端、绝缘子的表面放电。

（3）微小局部放电的超声信号比较微弱，超声的信号传播路径上衰减比较快，传播过程衰减大。

（4）超声传感器检测的有效频率低，频带范围小。

（5）超声波检测法可以有效地发现局部放电，但对贯穿性局部放电类型并不敏感。

（6）易受现场机械振动干扰。

不过应该注意的是，要使用超声波检测法，必须是局部放电点发射出来的超声波信号能够无阻碍地在空气中传播，也就是说，对于那种全封闭、没有任何气隙的高压设备就很难检测到它们内部的局部放电信号。

超声波局部放电检测技术主要适用于空气中的放电检测。声的干扰主要是机械振动和电磁振动，其频率一般小于 10kHz，而空气中的放电频率非常丰富，一般高于 10kHz。超声波检测主要采用 20kHz 以上频带，可不受外部噪声的干扰。通常认为，当在被测设备外壳的接缝处进行测量时，由于探头完全置于设备体外，放电信号通过绝缘介质衰减很严重，灵敏度较差、定量分析比较困难，仅对局部放电初测及比较严重的空气中的放电才比较有效。但是，现场检测实践表明当处于某一发展阶段的缺陷主要反应为振动信号时，超声检测方法发现缺陷是具有优势的。

2.3.6 暂态地电压局部放电检测

暂态地电压是由英国 EA Technology（EA）的 John Reeves 博士于 1974 年发现并命名的，采用暂态地电压（TEV）传感器在线检测气体和固体绝缘的开关柜在英国已经有 30 多年的历史了。这些传感器就是小的射频（RF）天线，检测开关柜内放电释放出来的高频局部放电脉冲。这些脉冲通常脉宽只有几十个纳秒，可以作为开关柜内局部放电非侵入式检测的良好媒介。暂态地电压（TEV）传感器在这种情况下的放电检测中有良好的效果。传感器通过磁铁固定在接地的、金属封闭的开关柜面板上，可用于在线测试。

生产地电波测试仪器的主要有英国的 EA、HVPD、M&B 等公司，该项技术在英国应用较为广泛，近年来才在国内逐步推广使用，在 2008 年北京奥运会、中国 2010 年上海世界博览会期间均作为主要的带电测试设备之一，有效发现了诸多潜在的绝缘缺陷，在保电工作中发挥了极其重要的作用。

当开关柜的内部元件对地绝缘发生局部放电时，少部分放电能量会以电磁波的形式转移到柜体的金属铠装上，并产生持续几十纳秒的暂态脉冲电压，在柜体表面按照传输线效应进行传播。地电波局部放电检测技术采用容性传感器探头检测柜体表面的暂态脉冲电压，从而发现和定位开关柜内部的局部放电缺陷。

当开关柜内部局部放电发生的时候，电磁波向放电两端传输。因为集肤效应的影响，在金属内部的传输电压不能从外部直接探测到。但是，在金属外壳的一个开口处，电磁波可以传到外部空间。波上升沿在金属外壳的表面产生一个暂态的地电压。因此这项技术被称作暂态地电压（地电波），这个瞬态电压的上升时间是纳秒级的，峰值从毫伏级到伏级不等。暂态地电压的量值是放电峰值和传播路径的函数。传播途径的衰减自身是开关内部结构和开口大小的函数。

暂态地电压通过开关接地金属外壳上的电容耦合传感器来测量，检测原理如图 2-7 所示。

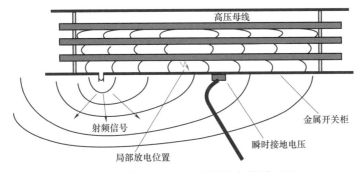

图 2-7　基于地电波的局部放电检测原理

地电波局部放电定位仪 PDL1，主要用于测量及定位 35、10kV 开关柜内部局部放电状况。该仪器通过两根距离 600mm 或更远的电耦合探测器进行测试，不仅能够显示局部放电的存在及强度（单位为 dB），而且能够根据放电脉冲到达两根探针的不同时间确定放电的具体位置。

采用局部放电监测仪 PDM03，可以连续监测并分析一段时间内的局部放电活动，以及因环境（如电压波动、温度等）变化而引发局部放电的变化情况，分析显示放电水平及其变化，判断局部放电状况。该仪器具有局部放电的定量和定位功能。

2.3.7　高精度定位（SLAM、GPS、UWB、北斗、Wi-Fi、蓝牙、ZiBee、视觉、位置指纹等）

1. 技术应用背景

（1）技术定义：同步定位与地图构建（SLAM）技术多用于机器人移动导航定位。其原理是机器人从未知环境的未知地点出发，在运动过程中通过重复观测到的地图特征定位自身位置和姿态，再跟进自身位置增量式地构建地图，从而达到同时定位和地图构建的目的。基于这个地图，机器人执行路径规划、自主定位、导航等任务。

（2）技术应用现状：在变电站运维场景中，变电站巡检机器人在移动导航上基本均采用了 SLAM 技术。而主流的 SLAM 技术还可分为激光 SLAM 技术和视觉 SLAM 技术。激光 SLAM 技术已经相对成熟，视觉 SLAM 尚处于进一步研发和应用场景拓展、产品逐渐落地阶段。两者主要的技术优劣势对比如表 2-2 所示。

表 2-2 不同 SLAM 技 术 对 比

优/劣		激光 SLAM	视觉 SLAM
优势		可靠性高、技术相对成熟	结构简单、安装方式多元化
		地图可用于路径规划	成本低，无较大的传感器距离限制
		建图精度高、累积误差小	可提取观测物体的语义信息
劣势		受雷达探测范围限制	环境光影响大、暗处、无纹理等情况无法正常工作
		安装结构有要求	运算负荷大
		缺乏语义信息，长廊或动态变化较大环境，定位易丢失	传感器动态性能还需提高，地图构建时会存在累积误差

2. 基本技术原理

SLAM 主流技术框架如图 2-8 所示。

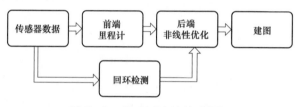

图 2-8　SLAM 主流技术框架

（1）传感器感知在视觉 SLAM 中主要为传感信息的读取和预处理。

（2）前端里程计（radar/visual odometry）。特征点匹配及运动估计。

（3）后端优化（optimization）。后端接受不同时刻里程计测量位姿，以及回环检测的信息，对估计轨迹及环境信息进行全局优化。

（4）回环检测（loop closing）。回环检测判断机器人是否到达过先前的位置。

（5）建图（mapping）。根据估计的环境信息及机器人运动轨迹，建立对应的地图。

3. 技术发展趋势

激光 SLAM 和视觉 SLAM 各有优劣势，这二者进行技术融合将能进行优势互补，这是 SLAM 技术必然的发展趋势。这种融合导航定位技术有利于解决巡检机器人运行过程中出现的定位丢失和迷航问题，进一步提高变电站巡检机器人的可靠性和稳定性。

2.3.8　电力物联网技术

电力物联网是物联网在智能电网中的应用，是信息通信技术发展到一定阶段的结果，其将有效整合通信基础设施资源和电力系统基础设施资源，提高电力系统信息化水平，改善电力系统现有基础设施利用效率，为电网发、输、变、配、用电等环节提供重要技术支撑。

将电力物联网与智慧电网相互融合，产生了泛在电力物联网技术的概念。传统物联网侧重于设备之间的关联，即利用传感器将各种设备与资产连接到一起，对关键设备的运行状况进行实时监控。物联网和智能电网的相互融合，赋予了双方新的特征。首先，物联网与智能电网的融合，使物联网更注重用户之间以及用户与电网之间进行实时连接和互动，并实现对数据信息的收集分析和实时高速传输。其次，物联网应用于智能电网也使物联网加强了其智能处理和决策支持功能，智能电网需要物联网来分析诊断电网和电网设备的运行状况，进而进行决策去排除和避免电力故障。最后，物联网在智能电网的应用也加强了智能电网的数据处理能力，由于物联网与智能电网都以信息传输为基础，均需要对海量信息进行智能处理，最终实现终端设备的实时响应处理，但智能电网主要应用在电信息采集控制及用电服务系统等方面，而物联网主要应用在实体属性信息及控制信息交互，显然，物联网重于数据处理，与智能电网的融合可以更好地实现电网海量数据的处理。因此，物联网技术可以全面提高智能电网各环节的信息化程度，促进智能电网的发展。

泛在电力物联网的技术架构主要由设备层、网络层、平台层、应用层构成。感知层完成"发—输—变—用"各个单位数据同源采集，以及通过边缘计算提升各终端智能化；网络层利用"大云物移智"现代通信技术实现电力系统各环节全覆盖；平台层利用物联管理中心和数据中心提升数据高效处理和云雾协同能力；应用层促进电网安全稳定运行，建设智慧综合能源互联网。

2.3.9　新一代人工智能技术（语音识别、视频识别、图像识别、机器学习、物体运行机能模型、脑智能体）

1. 语音识别

语音识别，是指通过语音与机器进行交流，使机器通过分析接收到的音频信号，明白在说什么。语音识别可以看作"机器的听觉系统"。语音识别技术就是让机器通过识别和理解指定的过程，把语音信号转变为相应的文本或指令的先进技术。语音识别技术主要涉及三个关键方面，分别是特征提取技术、模式匹配准则和模型训练技术。

世界上第一个计算机语音识别系统由英国的 Denes 等人在 1960 年成功研制。在 20 世纪 70 年代之后，语音识别的研究规模逐渐扩大，在识别小词汇量、孤立字词等方面取得新的突破。在 20 世纪 80 年代之后，大词汇量、非特定人连续语音识别逐渐成为语音识别领域的主要研究方向。由于计算机应用技术在我国大规模普及与应用，数字信号处理技术相对更加成熟完善，为语音识别技术的研究和创新提供了必要的技术基础、创造了前所未有的发展空间。

随着机器学习、深度学习等领域的高速发展以及大规模语料样本数据的快速积累，语音识别技术在移动终端的应用取得了突飞猛进的发展。诸如科大讯飞股份有限公司、苹果公司的 Siri、百度语音、各类语音助手等应用均依托于先进的语音识别系统来完成新颖、便利、高效的语音交互。

2. 视频识别

视频识别，是对海量视频数据进行处理，通过逐帧读取视频内容，针对每一帧的画面进行相应图像处理操作，从而识别并提取出视频信号的特征。识别过程涉及前端视频信号的采集及传输、中间的视频检测和后端的图像分析处理三个重要步骤。因为视频识别的最终效果很大程度上取决于视频信号的画面质量，所以视频识别需要保证清晰稳定的视频信号。视频识别过程依靠前端视频采集摄像机提供稳定可靠的视频影像，为后续滤除信号干扰、识别、检测、分析工作奠定基础。

视频识别可以对视频画面中的物体进行识别和定位，通过标记各自的位置来记录场景中出现的物体。近年来，视频识别的应用范围非常广泛，能够适用于多种情景下的物体探测工作。作为机器视觉领域中的研究热点，目标跟踪可以通过视频识别的手段对物体行为特征进行实时追踪。通过实时视频分析的手段，针对摄像机捕捉到的视频信号数据可以进行智能化识别，收集并处理其中的重要特征信息，对发现的异常情况进行目标定位和轨迹标记操作。

视频识别技术极大提高了态势感知的能力，可以更好地挖掘视频信号中潜在的安全风险。在视频识别的后端环节发现异常行为时能够释放出警告信号，触发预设的响应操作，所以被广泛应用于智能监控、动作与行为特征分析和自动驾驶汽车等领域。

3. 图像识别

图像识别，是利用计算机技术对采集到的图像数据进行处理、分析和理解操作，并提取相应图像特征，从而识别形式多样的目标物体。作为一种应用深度学习算法的实践成果，在实际应用中图像识别技术主要包括人脸识别技术和商品识别技术。

其中，人脸识别在公共场所的例行安全检查、身份比对检验与移动支付过程中扮演着极其重要的角色；而在商品流通和遥感图像监测等领域，图像识别技术同样发挥了举足轻重的识别作用。尤其是在无人值守货架和智能零售柜等场景下，商品识别能够为人们的日常生活和工作提供可靠高效的便利条件。在遥感应用方面，图像识别能够挖掘出各类遥感图像的光谱信息和空间位置等具体特征，并进行属性识别和分类工作。

图像识别涵盖对文字符号、数字图像、具体物品的识别，实际应用领域非常广泛。模式空间到类别空间的映射可以看作是图像识别的数学本质。通常可以认为图像识别包括以下三种模式：统计模式识别、结构模式识别和模糊模式识别。传统的图像识别可以简单划分为四个环节：图像采集、图像预处理、图像特征提取以及图像识别工作。图像处理环节中离不开图像分割技术的支持。现阶段，图像分割的方法有许多种，有阈值分割、边缘检测、区域提取等分割手段。从待识别的图像类型划分，则有纹理图像分割、灰度图像分割和彩色图像分割等处理方法。

4. 机器学习

机器学习，是人工智能技术的核心内容，涵盖多学科范畴，涉及多领域交叉融合，兼具统计学、概率论、近似理论以及各类复杂算法等知识体系，能够通过过往数据经验来优化学习过程和程序性能，有效提高计算机模拟实现人类学习行为的效率。

作为实现人工智能的可行途径，机器学习自 20 世纪 80 年代得到广泛关注，并在近十几年来取得了飞速发展，同时在自然语言处理、计算机视觉、模式识别等诸多领域也收获了具有突破性的进展。一个系统是否具有"智能"的标志之一就是是否具有良好的学习能力。传统的机器学习算法主要聚焦在学习的方法机制，将重心放在模拟和实现人类学习活动机理上。而现阶段大数据技术驱动下的机器学习算法研究更加注重信息获取利用的高效手段，致力于在海量数据中探索隐藏的、有价值的知识信息。

机器学习的传统研究领域包括决策树、随机森林、贝叶斯学习、人工神经网络等方面。作为机器学习常见的一种分类方法，决策树首先对初始数据进行相应处理，并且利用归纳算法产生可读的规则，并构造出决策树，最后采用该决策对新数据进行分类操作。随机森林也是一种分类算法，与决策树有所区别的是，随机森林是利用多个树分类器对数据进行分类和预测。贝叶斯学习是利用初始参数的先验分布，根据数据样本的相关信息求来的后验分布，直接求出总体分布。本质上，贝叶斯学习是通过概率信息来完成自动学习和推理的过程。人工神经网络则是对人脑神经元网络进行模拟，抽象出具有不同连接方式的网络模型的结构，其中包含大量相互联结的神经元结构。机器学习在多种算法策略的支持下，为人工智能领域提供了广阔的研究思路和解决路径。

5. 物体运行机能模型

物体运行机能模型，是指学习并模拟物体实际运行过程中组织结构的相应功能和活动能力的模型。物体在运行过程中将会表征出一定的规律和特点，通过研究并分析重复的机体调节和控制动作，可以掌握到物体的固有机能属性。并且对不同难度的运行操作范式进行学习和模拟，能够进一步总结并抽象出物体实际活动的常态模式，指导在未来一定时间段内物体运行机能变化趋势的预测工作。该模型的建立能够通过采集并分析人体或其他机体生理属性的基本指标和变化趋势，揭示人体或其他机体生理机能活动能力的客观规律，探究人类或其他物体各部位活动的内涵外延。本质上是构建出一种利用与人类智能相似的方式实现机体动态响应的智能机器模型。

6. 脑智能体

脑智能体，是通过借鉴脑神经机制和人类认知行为体系，建立模型模拟人脑的工作原理和神经系统的工作机制，并且依赖软硬件协同设计实现认知能力的机器智能。

人工智能技术取得空前的突破，大数据技术在各个行业应用广泛，脑科学研究中神经外科技术临床优势显著，使得计算机处理海量关于大脑分区、神经元等脑科学相关数据的能力得以稳步提升，这也为模拟训练人脑机制提供了理论支撑和技术保障。

在人工智能算法中，深度学习即使可以通过模拟大脑实现部分决策功能，但在长期的学习过程中将会面临灾难性遗忘的严重风险。基于脑智能体的研究现状，在复杂随机场景中保持像人类一样持久学习的能力，以及更加深入探索人脑结构和运行机制，是类脑智能技术的重要研究方向。

2.3.10　边缘计算

边缘计算，是指在靠近物或数据源头的一侧，采用网络、计算、存储、应用核心能力为一体的开放平台，就近提供最近端服务。其应用程序在边缘侧发起，产生更快的网络服务响应，满足行业在实时业务、应用智能、安全与隐私保护等方面的基本需求。边缘计算处于物理实体和工业连接之间，或处于物理实体的顶端。而云端计算，仍然可以访问边缘计算的历史数据。

自动化事实上是以"控制"为核心。控制是基于"信号"的，而"计算"则是基于数据进行的，更多意义是指"策略""规划"，因此，它更多聚焦于在"调度、优化、路径"。就像对全国的高铁进行调度的系统一样，每增加或减少一个车次都会引发调度系统的调整，它是基于时间和节点的运筹与规划问题。

边缘计算在工业领域的应用更多是这类"计算"。简单地说,传统自动控制是"基于信号的控制",而边缘计算则可以理解为"基于信息的控制"。

值得注意的是,边缘计算、雾计算虽然说的是低延时,但是其 50、100ms 这种周期,对于高精度机床、机器人、高速图文印刷系统的 100μs 这样的"控制任务"而言,仍然是非常大的延迟,所谓"实时"的边缘计算,从自动化行业的视角来看,很不幸,依然是被归在"非实时"的应用里的。

2.3.11 云计算

大数据所蕴含的战略价值已经引起多数发达国家政府的重视,各国相继出台大数据战略规划和配套法规促进大数据应用与发展。在各国政府大数据战略部署和政策推动下,政府部门、企业、高校及研究机构都开始积极探索大数据应用,下面以美国、英国、日本 3 个国家为例具体说明。

美国政府将大数据视为强化美国竞争力的关键因素之一,2012 年 3 月 29 日,美国发布《大数据研究与发展计划》,将大数据的研究和发展上升为国家战略层次。之后,12 个联邦部门启动开展了 82 个大数据相关项目,涵盖了国防、国土安全、国家安全、能源、食品药物、航空航天、人文社会科学、地质勘查等众多领域,美国希望借助大数据技术实现这些领域的技术突破。企业也借助于大数据政策的东风,强化对大数据的技术研发和创新应用。

2013 年 10 月 31 日,英国发布《把握数据带来的机遇:英国数据能力战略》,战略旨在促进英国在数据挖掘和价值萃取中的世界领先地位。为实现上述目标,战略从强化数据分析技术、加强国家基础设施建设、推动研究与产研合作、确保数据被安全存取和共享等几个方面做出了部署,并做出 11 项明确的行动承诺,确保战略目标真正得以落实。

2013 年 6 月,日本公布了新的 IT 战略——《创建最尖端 IT 国家宣言》,全面阐述了 2013—2020 年期间以发展开放公共数据和大数据为核心的日本新 IT 国家战略。日本政府推出了数据分类网站(data.go.jp),目的是提供不同政府部门和机构的数据以供使用,向数据提供者和数据使用者开放数据。日本的企业如富士通株式会社、株式会社日立制作所、NTT DATA 等也在积极开发大数据业务。

我国政府、学术研究、产业界都高度重视大数据的研究和应用工作,纷纷制定相关发展计划。在政府层面,2014 年,大数据首次写入政府工作报告,我国大数据产业进入蓬勃发展时期。2015 年,《促进大数据发展行动纲要》发布,大数据上升为国家战略。2016 年,国家大数据战略作为"十三五"十四大战略之一，首次被写进五年规划中，大数据创新应用向纵深发展。2017 年，《大数据产业发展规划（2016—2020 年）》正式发布，全面部署"十三五"时期大数据产业发展工作，推动大数据产业健康快速发展。进入"十四五"时期，对大数据产业发展提出了新的要求。《中华人民共和国国民经济和社会发展第十四个五年规划和 2035 年远景目标纲要》围绕"打造数字经济新优势"，做出了培育壮大大数据等新兴数字产业的明确部署。

在学术研究方面，大数据研究机构、大数据学术组织纷纷成立，如中国计算机学会和中国通信学会都成立了大数据专家委员会，中华人民共和国教育部在中国人民大学成立了"大数据分析和管理国际研究中心"，北京大数据研究院、电子科技大学和国家信息中心共建了大数据研究中心。大数据相关的学术活动也相继举行，如 CCF 大数据学术会议、中国大数据技术大会和中国国际大数据大会等。

在产业层面，由于各级政府和企业大力推进，我国的大数据产业处于高速发展阶段，技术创新取得明显突破，大数据应用推进势头良好，产业体系初具雏形，支撑能力日益增强；另外，我国的数据资源量十分庞大，这些数据资源的积累也为大数据产业的发展提供了非常良好的机遇与环境。国内大数据产业发展格局已经形成了京津地区、长三角地区、珠三角地区、成渝地区四大聚集区域。北京、上海、广东是发展的核心地区，这些地区拥有知名互联网及技术企业、高端科技人才、国家强有力政策支撑等良好的信息技术产业发展基础，形成了比较完整的产业业态，且产业规模仍在不断扩大。以贵州、重庆为中心的大数据产业圈虽然地处经济比较落后的西南地区，但是贵州、重庆等地依托政府对其大数据产业发展提供的政策引导，积极引进大数据相关企业及核心人才，实现了大数据产业在当地的快速发展。

2.3.12　数字孪生技术

数字孪生（digital twin）的概念最初由 Dr.Michael Grieves 于 2002 年在美国密歇根大学的产品全生命周期管理课程上提出，并被定义为包括实体产品和虚拟产品（计算机虚拟模型即数字孪生体）以及二者间的连接，作用是利用数字孪生体可以预测产品或设备的未来健康状态。

但由于当时技术和认知上的局限性，数字孪生的概念并没有得到重视。直到 2011 年，美国空军研究实验室和美国国家航空航天局（NASA）合作提出了构建未来飞行器的数字孪生体，并定义数字孪生为一种面向飞行器或系统的高度集成的多物理场、多尺度、多功能的仿真模型，能够利用物理模型、传感器数据和历史数据等反映与该模型对应的实体的功能、实时状态及演变趋势等，随后数字孪生才真正引起关注。

不同于以往计算机辅助设计（CAD）为代表的数字化，也并非是以传感器网络为主要研究对象的物联网解决方案，数字孪生有更深入的意义和潜力。它的实质是把数字模型与物理系统融合，并在整个系统生命周期内与该物理系统链接信息的"双胞胎"，是与物理系统能够同生同长的数字系统。

该研究方向是一项很新的研究内容，许多大企业、公司，特别是美国的企业、公司都在进行关于数字孪生方面的研究。该项研究虽然历史并不长，但发展相当迅速，因为它是跨越式的技术发展，它使得虚实界墙被打破，实体与虚拟有机地融合，互通信息、一起成长、一起进化和演变。是智能化工业发展或者是现代工业革命的一项大的技术成就。2017 年 12 月，中国科协智能制造学术联合体在世界智能制造大会上将数字孪生列为世界智能制造十大科技进展之一。

通用电气公司（General Electric Company，GE）则主要集中于电厂的数字孪生研究。其数字部门开发的运行性能管理软件（OPM）中建立了厂内设备及其加工流程的数字孪生模型，应用于美国 Competitive Power Ventures（CPV）电力开发与资产管理公司的发电厂中。该模型利用机器学习算法，可以根据机组状态以及天气情况精确地提前一天预测当日电厂的产能及热耗率，改善了电厂的出力预备、燃料选用以及启停计划的制定。此外，2020 年，阿尔及利亚国家电气公司的三个电厂为预防新冠肺炎疫情的传播采用了 GE 的工厂性能管理软件（APM），远程控制电力的持续供应，预计在未来会有更多的电厂采用 APM，该系统利用数字孪生技术观测电厂在运行过程中对潜在变化的反应。

在风力发电方面，挪威－德国劳氏船级社（DNV－GL）基于数字孪生的风机模型"Wind GEMINI"已经在超过 33 个风电厂投入使用，装机总容量累计3GW。该模型可以监测风机的非正常运行状态，如涡轮脱离额定运行点、结冰及融冰等情况都能在发生后的数小时内被发现并发送报告，改善了风电厂的运行状态并降低了成本。

2011 年，美国空军研究实验室结构科学中心将超高保真的飞机虚拟模型与影响飞行的结构偏差和温度计算模型相结合，开展了基于数字孪生的飞机结构寿命预测。2017 年，NASA 将物理系统与其等效的虚拟系统相结合，研究了基于数字孪生的复杂系统故障预测与消除方法，并应用在飞机、飞行器、运载火箭等飞行系统的健康管理中。全球最具权威的 IT 研究与顾问咨询公司高德纳咨询公司（Gartner Group）连续两年（2016 年和 2017 年）将数字孪生列为当年十大战略科技发展趋势之一。世界最大的武器生产商洛克希德马丁公司 2017 年 11 月将数字孪生列为未来国防和航天工业 6 大顶尖技术之首。2017 年，国际商业机器公司（International Business Machines Corporation，IBM）利用 Maximo Anywhere 和基于建筑信息建模的数字孪生技术对阿姆斯特丹史基普机场进行改造，使其能够准确掌握并预测机场设备的运行状况，提高了机场的运行效率。2019 年 8 月，挪威－德国劳氏船级社（DNV－GL）研发的软件"Ship Manager Hull"为意大利 Saipem 公司的起重船 Saipem 7000 提供了起重和管道结构的数字孪生模型，用于船只的检查以及干船坞维修计划的周期最优化。

2014 年康奈尔大学的研究者首次提出一种关于数字孪生的有限元模型，后来陆续有美国和俄罗斯学者提出关于数字孪生的三维构件模拟的热传导有限元模型（2016 年）、零件损伤控制的多物理场有限元模型（2017 年）等。

国内电力行业对数字孪生的应用，多集中于智慧电厂建设，智能电厂可利用分布式控制系统（distributed control system，DCS）的体系结构，通过 I/O 输入模块采集电厂物理信号并建模，根据采集的信号和物理模型得到控制参数，由 I/O 输出模块执行现场控制，达到了一种低级别的数字孪生。基于数字孪生的发电智能健康管理系统，系统从几何、物理、行为和规则 4 个维度描述集成发电机组高逼真虚拟模型，通过收集、分析实体与其虚拟模型同步运行中产生的孪生数据，实现对发电机组的状态监测服务、故障诊断服务、优化运行服务和维修指导服务。国网福建省电力有限公司、国网河南省电力公司和国网上海市电力公司开展了数字孪生的技术研究和初步试点工作的初步探索。2020 年 1 月，在中国科学院组织的数字孪生会议上，清华大学袁建生做了《基于数字孪生概念的数值仿真方法研究与软件开发可使数值仿真领域实现跨越式发展》报告，提出了基于设备实际运行状态的"预测式"仿真的思路和实现方法。

在数字孪生相关标准方面，2018 年，美国工业互联网联盟（IIC）成立"数字孪生体互操作性"任务组，探讨数字孪生体互操作性的需求及解决方案。2019 年初，国际标准化组织自动化系统与集成标准化技术委员会（ISO/TC 184）成立数字孪生体数据架构特别工作组，负责定义数字孪生体术语体系和制定数字孪生体数据架构标准。2019 年 3 月，IEEE 标准协会（IEEE－SA）设立 P2806 "工厂环境下物理对象数字化表征的系统架构"工作组，简称数字化表征工作组，探讨智能制造领域工厂和车间范围内的数字孪生体标准化。2019 年 11 月 3 日，

ISO/IEC JTC 1 AG 11 数字孪生咨询组第一次面对面会议在新德里召开。各国代表围绕数字孪生关键技术、典型案例模板等进行了交流。

数字孪生是实现数字电网的重要技术手段，在电网相关应用领域开展了研究和试点，但电网不同业务对数字孪生的理解和设计上存在一定的差异，特别是在输变电设备基建、运检方面还没有一个很好的顶层设计，需要基于数字孪生技术实现输变电设备基建、运检业务数据和服务的整合和统一。

在数字新时代，各种事物甚至整个世界都可以以数字化为模型，进行各种目的的仿真活动，仿真活动的结果可以为各种决策提供智能化支持。数字孪生指在信息化平台内建立、模拟一个物理实体流程或者系统。借助于数字孪生，可以在信息化平台上了解物理实体的状态，并对物理实体里面预定义的接口元件进行控制。

数字孪生是物联网里面的一个概念，通过集成物理反馈数据，辅以人工智能、机器学习和软件分析，在信息化平台内建立一个数字化模拟。这个模拟会根据反馈，随着物理实体的变化而自动做出相应的变化。理想状态下，数字孪生可以根据多重的反馈源数据进行自我学习，几乎实时地在数字世界里呈现物理实体的真实状况。数字孪生的反馈源主要依赖于各种传感器，如压力、角度、速度传感器等。数字孪生的自我学习（或称机器学习）除了可以依赖于传感器的反馈信息，也可以通过历史数据，或者集成网络的数据学习。后者常指多个同批次的物理实体同时进行不同的操作，并将数据反馈到同一个信息化平台，数字孪生根据海量的信息反馈，进行迅速的深度学习和精确模拟。数字孪生建模是实际运行设备的实时虚拟版本，可以用来提供产品的性能与维护信息。通过设备上的各种传感器将状态量数据实时输入数字孪生模型，并使数字孪生的环境模型与实际设备工作环境的变化保持一致，通过数字孪生在设备出现状况前提早进行预测，以便在预定停机时间内更换磨损部件，避免意外停机。另外，用户还可利用收集到的数据改进新一代机器的设计。

数字孪生落地应用于工程领域的首要任务是创建应用对象的数字孪生模型。数字孪生模型多沿用 Grieves 教授最初定义的三维模型，即物理实体、虚拟实体及二者间的连接。

数字孪生技术的实现依赖于诸多先进技术的发展和应用，其技术体系按照从基础数据采集到顶层应用层依次可以分为数据保障层、建模计算层、数字孪生功能层和沉浸式体验层四层，每一层的实现都建立在前面各层的基础之上，是对前面各层功能的进一步丰富和拓展。数字孪生技术体系如图 2-9 所示。

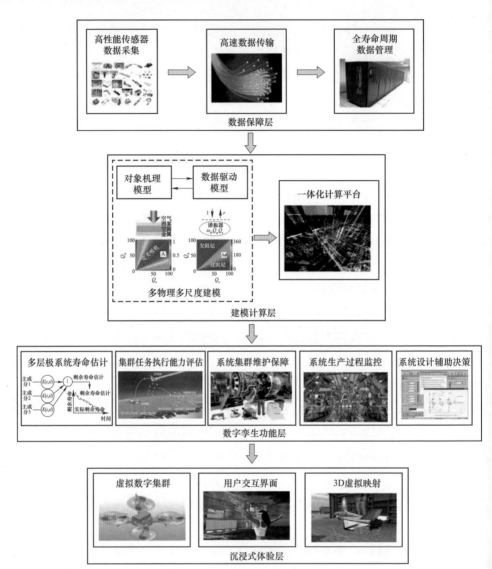

图 2-9　数字孪生技术体系

2.3.13　知识图谱

知识图谱是融合人工智能技术与传统数据库的智能数据库，用于大规模知识的结构化管理。将知识图谱与电力领域结合，使电力系统获得挖掘和分析大规模文本信息中有用知识的能力，能够串联电力领域内零散的知识点。充分借助移动互联、人工智能等先进信息与通信技术，实现各种信息传感设备与通信信息资源结合，可以衍生出更智能的电力系统，为电力系统的安全运行、有效管理、精准投资、优质服务提供了一条新出路。

　　知识图谱（knowledge graph）是由谷歌（Google）在 2012 年正式提出的概念，主要目的是提升搜索引擎的智能化和效率。知识图谱本质上是一种语义网络，节点代表实体或属性，边代表实体之间以及实体与属性之间的各种语义关系。其中，实体是指客观存在于现实世界并且具有区分性的对象或事物，属性是描述实体特征的信息。关系是知识图谱最重要的特征，据此才能实现万事万物的互联，从而支撑语义理解、情报检索等多种应用。知识图谱构建技术主要包括知识抽取、知识融合、知识表示、知识验证和知识推理，构建流程框架如图 2-10 所示。

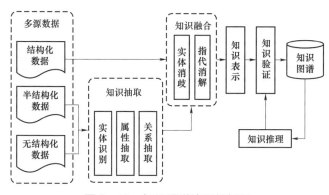

图 2-10　知识图谱流程框架图

　　电力工业作为国家重大的能源支撑体系，分布广泛，结构复杂，在发电、输电、变电、配电、用电等电力生产和电力服务的各环节都会产生海量数据。此外，电力公司在运行和管理过程中会产生大量的人才物资、电力市场信息、资本运作、协同办公等数据。

　　随着电力信息化的不断深入和电能应用领域的不断拓宽，电力数据正以前所未有的速度增长，并且由于各级电力调度中心在建设信息化平台过程中缺乏标准化的数据输出格式的规定，数据来源种类不一，数据表示格式多样，除了结构化的数据格式外，大部分数据以文本、音频、视频等非结构化的形式存储。此外，电力生产和电力服务各个环节都会产生数据，导致电力数据的维度很多。这些数据一起构成了庞大、零散、多源、异构、多维、多形式的电力数据资源。电力领域有规模庞大、来源多样、数据结构不一致等特征，因此知识图谱的很多应用场景和想法都可以延伸到电力领域。随着 5G 网络、大数据、互联网、人工智能等高新技术的迅速发展，文本、图像、视频等多模态信息的数据呈指数增长，大量的数据信息和知识贴近人们对事物的认知。通过整合海量、多源、异构的故障诊断大数据，用于增强视觉场景的语义理解，结合这些信息通过知识图谱技术进行有效的知识表达和知识推理，可以实现对智能巡检的分析和决策。

2.3.14　网络切片

前几代移动网络启用了语音、数据、视频等服务，相比之下，5G 网络将通过支持大量来自垂直行业的多样化业务场景改变社会。5G 移动网络为大量设备提供广连接、高可靠、超低延迟的服务，帮助垂直行业实现"万物互联"的愿景。然而传统的移动通信网络主要为单一的移动宽带业务提供服务，无法适应未来 5G 网络越来越多样化的业务场景。

随着软件定义网络（software-defined network，SDN）和网络功能虚拟化（network functions virtualization，NFV）的深入发展，能够满足不同业务需求的网络切片概念被提出。5G 网络切片技术将业务需求和网络资源有机结合，满足了 5G 时代不同垂直行业的具体功能需求。网络切片系统中，网络切片资源映射是网络切片系统软硬件资源解耦的关键技术；网络切片资源故障管理是保证网络切片稳定运行的关键技术。

网络切片与已有的服务质量（quality of service，QoS）和虚拟专用网络（virtual private networks，VPN）技术相似，都能在网络上为用户提供满足业务需求的差异化服务，但是网络切片与 QoS 和 VPN 之间的关键区别在于网络切片为用户提供了一个全面的端到端虚拟网络，不仅包括网络特性，还包括计算和存储特性，其目标是能够让运营商切分其物理网络以允许不同的用户复用单个物理基础设施。表 2-3 列出了网络切片、QoS 和 VPN 的区别。

表 2-3　　　　　　　　网络切片、QoS 和 VPN 的区别

技术名称	特征
网络切片	包含计算存储和网络功能的端到端虚拟网络，提供不同的网络性能； 切片之间相互隔离； 拥有独立的拓扑、虚拟网络资源、流量和配置规则； 独立的架构或协议
QoS	保证网络传输的质量，强调针对某一类服务的质量； 无法执行流量隔离； 协议零碎，无法实现端到端的业务编排
VPN	在共享的网络上创建隔离的专有网络来分离和隔离流量； 具有相同的技术和协议栈

相比网络切片，QoS 只用来保证网络传输的质量，强调针对某一类服务的

质量,例如为语音通信提供多少带宽,而网络切片强调的是整个网络切片的网络质量,除了网络传输的要求,还包括计算、存储和安全等要求。VPN 使用 IP 隧道等技术在互联网上分离和隔离流量,强调的是在共享的网络上创建隔离的专有网络,与路由路径选择问题非常相似。VPN 通常具有相同的技术和协议栈,不能满足网络切片根据业务需求的定制化能力。端到端的 VPN 隧道与网络中的其他流量竞争带宽资源,也无法保证端到端的网络资源策略,因而无法满足网络切片之间的隔离性要求。

网络切片由 5G 网络中部署在通用基础设施上的各种虚拟网络功能(virtual network function,VNF)动态组合而成,具有定制的网络架构和协议,可以看作是一个针对不同需求提供定制化服务并独立运维的端到端虚拟网络。每个网络切片在设备、接入网、传输网和核心网方面实现逻辑隔离,适配各种类型的服务并满足用户的不同需求。对于每一个网络切片,诸如虚拟服务器、网络带宽、网络缓存、QoS 等专属网络,资源都得到充分保证。由于切片之间相互隔离,一个切片的错误或故障不会影响到其他切片的通信,同时一个切片的漏洞不会影响整个网络,从而提高了网络的安全性和健壮性。

图 2-11 展示了网络切片的总体架构,其中包括基础设施层、网络切片层和切片管理层三部分,对各层的简要概述如下。

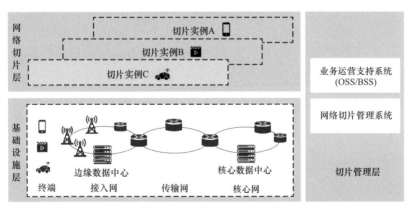

图 2-11　网络切片总体架构

(1)基础设施层:基础设施层由虚拟化后的通用网络硬件构成,该层为网络切片提供必要的网络资源和网络传输节点。

(2)网络切片层:网络切片层将切片所需的网络功能进行组合与配置,从而进一步形成端到端的网络切片实例。

(3)切片管理层:在网络切片的整个生命周期内,均由切片管理层对切片进行管理,其中包括新切片的接入、切片间的资源分配以及切片生命周期的终止等。

　　智能电网各应用场景满足切片灵活创建、高效运行及动态更新的全过程管理需求，支持移动性、安全性、可靠性、大带宽、低时延等差异化网络的服务需求。基于智能电网的应用场景和 5G 网络切片的架构功能，智能电网 5G 网络切片构架如图 2-12 所示。针对不同业务场景要求，分别考虑信息采集切片、配电自动化切片和智能巡检切片。不同切片分别满足对应场景的技术指标要求。实现分域的切片管理，并整合为端到端的切片管理，以保证业务要求。

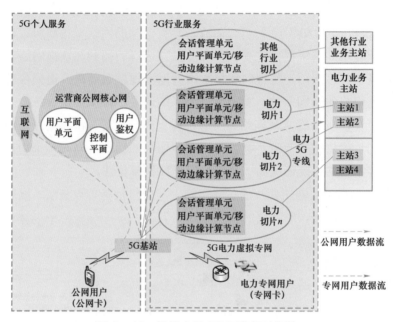

图 2-12　智能电网 5G 网络切片架构

　　5G 切片全生命周期管理架构如图 2-13 所示。智能电网切片的全生命周期管理能够根据具体业务动态调整，并且能够为电网行业的发、配、输、售 4 个电

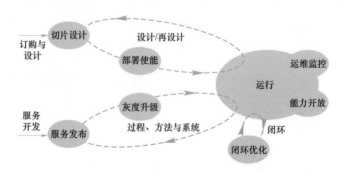

图 2-13　5G 切片全生命周期管理架构

力环节划分相应的责任权限。电力通信业务中的 5G 网络切片全生命周期管理包括切片设计、部署使能、切片运行、闭环优化、运维监控、能力开放等。

2.3.15　网络通信及 IPv6 网络

随着科学技术的蓬勃发展，计算机网络把分布在不同地理区域的计算机与专门的外部设备用通信线路与通信设备互联成一个大规模、功能强的网络系统，计算机在其中可以方便地互相传递信息，共享硬件、软件和数据信息等资源。网络通信作为计算机技术和现代通信技术的综合体，经由通信子网，是一种以计算机互联形式进行的通信方式。

为了明确计算机网络中的数据交换规则，网络协议规定了信息传输的速率、传输代码、代码结构、传输控制步骤和出错控制等准则。只有遵守相同网络协议的对等实体才能进行信息的沟通与交流，其中对等实体通常指计算机网络体系结构中处于相同层次的信息单元。此外，大多数网络采用分层的体系结构，国际标准化组织（ISO）将计算机网络体系结构的通信协议划分为 7 层，自下而上依次为物理层、数据链路层、网络层、传输层、会话层、表示层和应用层，在网络的各层中存在着诸多协议，仅当发送方和接收方同层的协议一致时，信息传输才能正常进行。常见的通信协议有传输控制协议/网际协议（TCP/IP 协议）、互联网络数据包交换/序列分组交换协议（IPX/SPX 协议）和 NetBIOS 用户扩展接口协议（NetBEUI）等。其中 TCP/IP 凭借其实现成本低、在多平台间通信安全可靠以及可路由性等优势迅速发展，并成为互联网（Internet）中的标准协议。

为了解决 IPv4 网络地址资源不足和多种接入设备连入互联网的问题，互联网工程任务组（IETF）设计了互联网协议第六版（internet protocol version 6，IPv6）作为替代互联网协议第四版（internet protocol version 4，IPv4）的下一代 IP 协议，相比于 IPv4，IPv6 具备以下几个优势：

（1）更大的地址空间。IPv6 中 IP 地址的长度为 128，而 IPv4 规定的 IP 地址长度仅为 32。

（2）更小的路由表。IPv6 的地址分配一开始就遵循聚类（aggregation）的原则，使得路由器能在路由表中用一条记录（entry）表示一片子网，减小了路由器中路由表的长度，提高了路由器转发数据包的速度。

（3）更高的安全性。使用 IPv6 网络的用户可以对网络层的数据进行加密并对 IP 报文进行校验，IPv6 中的加密与鉴别选项提供了分组的保密性与完整性，极大地增强了网络的安全性。

（4）更好的头部格式。IPv6 使用新的头部格式，其选项与基本头部分开，选项能够插入基本头部与上层数据之间，加速了路由选择过程。

电力通信网服务于电力行业，广泛应用于发、输、配、用电端，包含有多种通信设备和网络结构。实际工程中通常需要采集电力通信设备的运行数据，实测的电力通信设备数据来自多个数据管理系统，其中电信管理系统（PMIS）包含电力项目管理数据和控制系统数据，PMIS 是通信集约化、规范化、专业化管理的重要技术支撑系统。具有实时监控、资源管理、运行管理等业务功能，能够采集和整合站名、设备类型、调试周期、设备容量数据等信息。地理信息系统是电力通信设备数据中环境数据的主要来源，包括设备运行温度、湿度、防尘条件、接地条件等。这些系统在运行过程中生成大量、快速增长且类型丰富的数据，这为从多个角度综合评估设备健康程度提供了可能。

不同系统的设备数据通过不同指标表征电力通信设备的运行状态（设备健康状态），而不同指标对设备健康状态的影响不同，这就需要通过科学客观的方法计算不同指标的权重，进而得出设备的综合健康状态评价。设备健康度评估可以为识别脆弱设备和设备故障预警提供重要信息，发挥重要作用，从而提高电网可靠性，降低电网运行风险，具有重要的现实意义。

研究人员通常通过熵权法和层次分析法来确定设备运行状态评价指标的权重，利用最优转移矩阵对层次分析法进行改进，从而保证能够状态矩阵在满足一致性检验的同时，不需要额外调整。此外，为避免熵权法和层次分析法得到的结果相差较大造成的权重不平衡，有研究人员引入博弈论优化加权过程，通过比较各指标的重要程度，得出了各指标的重要程度顺序，从而计算出了设备各个运行状态指标的权重，得到了各指标对设备状态评估结果的影响。

电力需求侧通信网络的发展是需求侧业务开展的基础，随着电网与居民用户信息交互愈加频繁，电力需求侧网络和用电数据智能电网接口技术已成为国际上智能电网关键技术研究的热点。基于 IPv6 的电力需求侧通信网络架构分为三层，分别是设备感知层、通信通道层、主站控制层，其逻辑架构图如图 2－14 所示。

2.3.16 网络安全

随着人类社会生活对 Internet 需求的日益增长，网络安全逐渐成为各项网络服务和应用进一步发展的关键问题，特别是 Internet 商用化后，通过 Internet 进行的各种电子商务业务日益增多，加之互联网/内部网（Internet/Intranet）技术日趋成熟，很多组织和企业都建立了自己的内部网络并将其与 Internet 联通。电

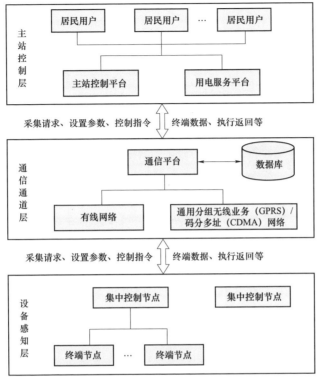

图 2-14 基于 IPv6 的电力需求侧通信网络逻辑架构图

子商务应用和企业网络中的商业秘密成为攻击者的主要目标。因此网络安全问题是网络管理中最重要的问题，这是一个很复杂的问题，不仅是技术的问题，还涉及人的心理、社会环境以及法律等多方面的内容。

网络安全就是网络上的信息安全，是指网络系统的硬件、软件及其系统中的数据受到保护，不受偶然的或者恶意的原因而遭到破坏、更改、泄露，系统连续可靠正常地运行，网络服务不中断。广义来说，凡是涉及网络上信息的保密性、完整性、可用性、真实性和可控性的相关技术和理论，都是网络安全所要研究的领域。网络安全涉及的内容既有技术方面的问题，也有管理方面的问题，两方面相互补充，缺一不可。技术方面主要侧重于防范外部非法用户的攻击，管理方面则侧重于内部人为因素的管理。

而在增加网络系统安全性的同时，也必然会增加系统的复杂性，并且系统的管理和使用更为复杂，因此，并非安全性越高越好。针对不同的用户需求，可以建立不同的安全机制。我国的 GB 17859—1999《计算机信息系统　安全保护等级划分准则》中规定了计算机系统安全保护能力的五个等级，第一级为用户自主保护级；第二级为系统审计保护级；第三级为安全标记保护级；第四级为结构化保护级；第五级为访问验证保护级。

通过对网络的全面了解，按照安全策略的要求及风险分析的结果，整个网络安全措施应按系统保障体系建立。具体的安全保障系统由物理安全、网络安全、信息安全几个方面组成。其中，物理安全保证计算机信息系统各种设备的物理安全，是整个计算机信息系统安全的前提。物理安全是保护计算机网络设备、设施以及其他媒体免遭地震、水灾、火灾等环境事故以及人为操作失误或错误及各种计算机犯罪行为导致的破坏过程；网络安全包括系统（主机、服务器）安全、反病毒、系统安全检测、入侵检测（监控）、审计分析、网络运行安全、备份与恢复应急、局域网、子网安全、访问控制（防火墙）、网络安全检测等；信息安全主要涉及信息传输的安全、信息存储的安全以及对网络传输信息内容的审计三方面。同时，面对网络安全的脆弱性，除了在网络设计上增加安全服务功能，完善系统的安全保密措施外，还必须花大力气加强网络的安全管理，因为诸多不安全因素恰恰反映在组织管理和人员录用等方面，而这又是计算机网络安全所必须考虑的基本问题。

计算机网络近几年在我国的应用已经十分普及，相应地也出现了许多安全问题，成为网络发展的重要障碍，浪费了大量的物力、财力、人力。我国网络安全的现状不容乐观，主要存在以下几个问题：第一，计算机网络系统使用的软、硬件很大一部分是国外产品；第二，全社会的信息安全意识虽然有所提高，但将其提到实际日程中来的依然很少；第三，国内很多公司在遭到攻击后，为名誉起见往往并不积极追究黑客的法律责任；第四，关于网络犯罪的法律还不健全；第五，中国信息安全人才培养体系虽已初步形成，但随着信息化进程加快和计算机的广泛应用，信息安全问题日益突出，同时，新兴的电子商务、电子政务和电子金融的发展，也对信息安全专门人才的培养提出了更高要求，我国信息安全人才培养还远远不能满足需要。

≫ 2.4　小　　结 ≪

随着社会科学技术的发展，现代信息及智能技术得到空前的重视，已经深入社会各行各业。世界各国在输变电装备的信息化、智能化方面均处于起步阶段，部分电力装备的部分状态参数实现了在线监测。我国也提出了坚强智能电网的建设理念，并不断推出智能装备、状态检修相关的系列行业标准，积极推进输变电装备的信息化、智能化运行控制。我国已经装备了大量的监测装置，积累了丰富的输变电装备运行状态参数数据，已走在了世界前列。

电气设备的状态监测和带电检测技术有较多的研究和应用，呈现出快速发展的趋势，高校、科研院所以及一些专业技术公司研发了多种多样的变电设备带电检测装置，部分已形成成熟产品并逐渐推广和应用。基于机器人、无人机的智能巡检技术逐步显现。变电设备在线监测技术进一步成熟，输电线路带电检测技术种类逐渐丰富，已经形成了一系列技术导则、验收规范和通用技术规范。发布了一系列关于带电检测和在线监测的现场应用导则和仪器技术规范。智能高压设备的概念逐步形成。国内一些重点变压器、GIS 开关研发制造企业也分别研制了样机。国家电网在 7 个变电站对变电站智能化改造进行了试点。但是，鉴于部分在线监测技术与装置、故障诊断方法的不完善，变电站智能化及智能高压设备的进展比较缓慢。国家电网和南方电网等各级网省公司加强了状态评价中心、数据中心、运营监控中心等主站系统的建设，电网企业获得了前所未有的包含输变电设备状态、电网信息和环境信息等多层次、多维度的海量数据，为输变电设备状态的有效评估提供了数据基础。

未来几年内，输变电设备的带电检测与在线监测技术将结合新型传感器技术、微制造技术、人工智能技术、可靠性技术等，形成小型化甚至微型化、长寿命、低成本、高准确度的智能检测装置。更多种类、更高水平的机器人和无人机的应用，所携带的监测装置功能更加齐全；机器人和无人机将进一步与监测装置和传感器融合。物联网技术的应用，将实现高压设备与带电巡检设备互联，巡检设备与云平台诊断系统互联，从而实现信息互动和高效状态评估。探索新的带电检测和在线监测技术，提出新的特征参数和诊断方法；继续开展设备缺陷机理和发展演化过程的研究，探索更加准确的状态诊断特征量和诊断判据。利用先进的数学处理方法和人工智能算法建立状态监测数据与设备状态之间的这种尚不清楚的关联关系。进一步扩大对数据和故障模式、故障状态的综合程度，向全面综合方向发展，并且提出相应的多层次信息的相关融合方法。进一步强化设备状态劣化的动态演化过程的表达，提高设备故障率的预测准确度等。利用大数据分析技术和数据挖掘方法，进行结构化数据和非结构化数据的预处理和内含信息的挖掘，并将电网、设备、环境等信息深度融入设备状态评估之中，进一步提升输变电设备状态评估的有效性和准确性。将设备状态评价过程和状态评价结果与电网的安全、高效运行高度融合，实现大规模电网风险的评估和管控等。智能化高压设备的概念将进一步深化，高压设备的本体与监测技术将实现集成一体化设计。

第3章

融 合 技 术

≫ 3.1 应 用 背 景 ≪

电力工业是我国的支柱产业,在国民经济可持续发展中起着重要决定性作用。为适应经济发展和社会进步的需求,电网建设规模越来越大,因此对电网安全稳定运行和企业提质增效的要求也更为迫切。在工业数字化的时代背景下,推进电网状态全要素感知、企业业务全流程管控、运营数据全域标识和全链条贯通,成为实现电网稳定运行和企业机制提升、建设高数字化智能化(简称数智化)能源互联网企业的有效途径。

"碳达峰、碳中和"目标的大背景与工业数字化革命相融并进,能源电力行业的运行模式将逐步发生变化,以安全可靠、智慧开放、灵活高效和绿色低碳的能源供给为目标,高渗透率的可再生能源、高比例的电力电子设备为主要特征的新型电力系统正在逐步规模化建设。

上述未来发展会为电网设备巡检带来新的问题与挑战,对于电网核心枢纽的变电站而言,其内部设备多、种类杂、管理难度大,且与传统的变电站相比,电力电子装置、环保型设备、智能型设备等新型电力装备迅速发展,其运行维护技术尚未成熟,如何保障变电站智能运维检修和高效安全运行亟待研究。

在这种背景下,考虑到新型电力系统运行的复杂性和建设发展的迫切性,亟需结合新型电力系统的特征和要求,分析现有变电站运维检修相关"接地气"技术存在的难点、痛点问题,把握关键变电站运维检修技术研究的发展趋势和方向,提升运检水平、变革运检模式、推进运检数智化进程,为未来新型电力系统实现安全可控、灵活高效、智能友好和清洁低碳运行提供技术支撑。

近年来,大数据、云计算、物联网、移动互联和人工智能,即"大云物移智"等关键共性技术持续快速发展,以及基于上述技术实现和支撑具有数字化标识、自动化感知、网络化连接、普惠化计算、智能化控制和平台化服务特性的数字孪生技术在新一轮科技革命和产业变革中席卷全球。其为推进电网建设全息智能感知、网络化连接和安全低碳绿色运行提供了新的思路，为变电站设备运维检修的数智化转型提供了新的手段和技术支撑。

上述"大云物移智"以及数字孪生技术作为变电站数字化核心技术——智慧巡检的关键共性技术，在第 2 章中做了详细介绍。单一技术的使用存在局限性，为提升智慧巡检技术的响应、决策和控制等性能，需要讨论第 2 章叙述的关键共性技术组合形成的融合技术。

在传统传感器领域，融合技术主要指数据融合或信息融合，其具体定义如下。GB/T 36625.1—2018《智慧城市　数据融合　第 1 部分：概念模型》中，数据融合定义：集成多个数据源以产生比单独的数据源更有价值信息的过程。GB/T 37686—2019《物联网　感知对象信息融合模型》中，信息融合定义为对（物联网系统中的）多源信息进行检测、时空统一、误差补偿、关联、估计等多级多层面的处理，以得到精确的对象状态估计，完整、及时的对象属性、态势和影响估计，形成"双碳"和新型电力系统背景下的变电站数智化运维检修技术体系，实现状态全面深度感知、预测、研判和优化运行。

本章讨论的融合技术，是在传统智能传感器数据/信息融合的基础上，增加技术融合与业务融合。例如，采用可见光图像、红外热成像与紫外成像三种技术检测单个绝缘子，可以定义为传统传感器数据/信息融合；检测变电站内大量绝缘子，需要采用可见光图像、红外热成像、紫外成像、物联网通信、大数据以及人工智能（图像识别）技术，则可以定义为技术融合；电网资产全寿命周期管理智能物联平台，以资产管理为主线进行多系统集成，实现跨专业业务融合与信息贯通，则可以定义为业务融合。

下面，对智慧巡检用于变电站数智化转型的应用需求进行讨论，对能够强力支撑和实现的场景给予应用展望，并给出现行技术条件下的若干应用设计。

≫ 3.2　应　用　需　求 ≪

随着新型电力系统建设的不断推进，电网资产和业务不断数据化，电网运行决策日趋精益化，变电站一次设备、二次设备和自动化、通信、电源、辅助设施等设备运维日趋智能化。在传统在线监测技术性能提升的同时，新型智能感知技术也在加速发展。可以看到，一方面，物联网技术正逐渐与变电站设备、环境和构筑物的状态感知技术深度融合，形成全方位、多维度的智能感知和移动互联体系，提升了变电站"整站"的现场感知能力；另一方面，随着感知数据的积累和智能传感器（移动终端等）的大量推广应用，变电站"整站"感知数据不断积累完善，大数据、先进计算和存储及人工智能技术在变电站"整站"状态分析、评估和管控中将会得到深化应用，逐步提升了变电站"数字孪生体"的精细化程度和高保真度，变电站"整站"运维管理的数智化水平将得到有效提升。

数智化技术是支撑新型电力系统建设的关键，不仅能有效解决新能源随机性、波动性及间歇性引起的系统调控和电量平衡难题，也是智慧巡检的对象——变电站"整站"安全稳定运行风险评估、实现智能运检的最佳手段。以变电站信息互联互通的电力物联网为基础，实现变电站的数智化转型升级，并将数智化技术与变电站运维检修业务深度融合，推动变电站的运维模式由计划性维护为主转变为基于变电站"整站"状态精准感知的预测性智能维护为主，是新型电力系统背景下变电站数字化关键技术——智慧巡检发展的必然趋势。

结合"双碳"目标下新型电力系统的基本特征，为了更好地支撑变电站数智化转型的目标和三大需求——可观可测可控、安全可靠运行、高效节能降碳，未来变电站数智化运维检修主要涉及的关键技术体系架构如图3-1所示。其针对新型电力系统复杂运行条件、多因素作用下变电站状态演变规律、故障产生机理以及失效机制，基于第2章叙述的关键共性技术组合形成的融合技术，即

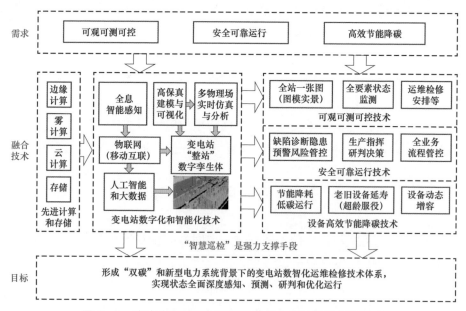

图3-1　未来变电站数智化运维检修主要涉及的关键技术

利用变电站状态全息智能感知数据,通过物联网(含移动互联)、大数据和人工智能技术与高保真建模与可视化、多物理场实时仿真与分析技术相结合,在先进计算和存储技术(边缘、雾、云端计算和存储等)的支撑下,建立变电站"整站"的数字孪生体。从而实现需求①可观可测可控技术,即设全站一张图(图模实景)、全要素状态监测以及运维检修安排等,需求①是需求②安全可靠运行的前提和基础;需求②安全可靠运行技术主要包含缺陷诊断、隐患预警、风险管控,生产指挥研判决策以及全业务流程管理;在需求①和②基础上,实现需求③高效节能降碳技术,它主要包括节能降耗低碳运行、老旧设备延寿(超龄服役)以及设备动态增容。

图 3-1 中,高保真建模和可视化技术主要利用建筑信息模型(building information modeling,BIM)和工程信息模型(engineering information modeling,EIM)构建变电站的数字画像,精细化重建 3D 空间、3D 渲染、3D 可视化展示组件或利用 3R [虚拟现实(virtual reality,VR)、增强现实(augmented reality,AR)和混合现实(mixed reality,MR)] 技术,以及多源数据精确配准等技术,融合包含全寿命周期数据的多时态空间数据和信息,在变电站高度逼真数字化虚拟重现的前提下,基于多物理场实时仿真与分析技术展现多维物理量(涉及电、磁、热、力、光、声、流体、绝缘等多种理化性能的考量,设备运行过程中的多物理场耦合关系如图 3-2 所示)的仿真分析结果,实现物理实物变电站向虚拟数字化变电站转化,形成多维度展示、高精度的变电站"整站"数字孪生体。

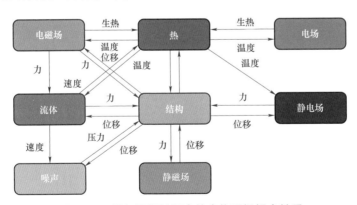

图 3-2　设备运行过程中的多物理场耦合关系

变电站"整站"数字孪生体如图 3-3 所示,通过全息模拟、动态监控、实时诊断、精准预测其物理实体在现实环境中的状态,推动变电站全要素数字化和虚拟化、全状态实时化和可视化、运行管理协同化和智能化,实现物理变电站与数字变电站协同交互、平行运转,以满足"双碳"目标下新型电力系统中电网状态精准管控的需求。其核心价值在于通过建立高度集成的数据闭环赋能体系，使变电站运行、管理和服务由实入虚，并通过在虚拟空间建模、仿真、演绎、操控，以虚控实，促进物理空间中电网资源要素优化配置，开辟变电站数智化的建设和管理模式。

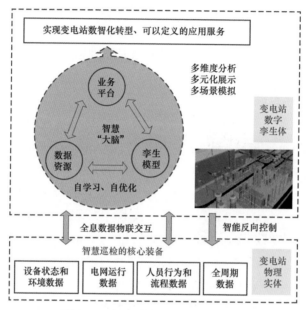

图3-3　运行变电站的数字孪生体

3.2.1　可观可测可控

变电站"可观"主要指全站一张图（图模实景）可观，可以直接查看变电站一次接线图、数字孪生模型和实时视频，实现图模实景多维一体化展示。"可测"主要指全要素状态监测，可以实时监测电流、电压、有功、无功等量测数据，通过红外、局部放电、油色谱等在线监测手段全要素感知设备运行状态。"可控"主要指运维检修安排可控，基于设备健康状态评价结果合理安排运维检修计划，实现设备全寿命周期成本可控。随着电网一张图、变电站在线监测、状态检修评价等应用的不断优化，如图3-4所示，变电站"可观可测可控"技术需求是支撑变电站数智化转型的主要需求。

依托企业中台建设成果，应用物联网、大数据、人工智能、地理信息、三维数字孪生等新技术，贯通发、输、变、配、用全域电网一张图，构建一张图应用底座；接入实时/准实时数据，构建动态电网；深度融合设备管理业务，实现地理、物理、管理信息的融合及全域设备的可视化管理；提供组件化、开放式应用开发模式，快速响应上层企业级业务应用需求，打造如图 3-5 所示的共建共享的电网一张图应用生态体系。

图 3-4　变电站"可观可测可控"技术需求

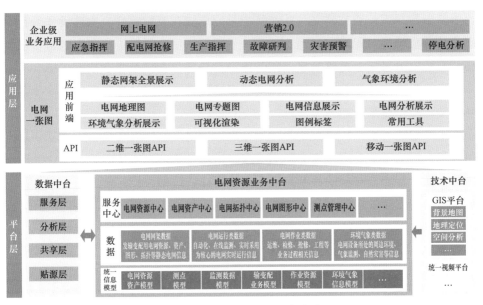

图 3-5　电网一张图应用生态体系

3.2.2　安全可靠运行

随着"大云物移智"等新一代信息技术与电网运维检修业务的深度融合，物联网、机器人、人工智能等技术在变电站中的应用也越来越深入，变电站运维人员对于设备运维智能化、可视化、远程化的需求也越来越突出，如何将各种新技术和运维人员的实际需求相结合，切实解决运维人员痛点，实现可实用化的智慧巡检系统，是变电站智慧巡检面临的挑战。与传统变电站继电保护系统相比，智能变电站保护系统内部结构更为复杂，与此同时，设备出现故障的概率提高，可靠性相应有所降低。数字孪生是以数字化方式为物理对象创建的虚拟模型，来模拟其现实环境中的行为，从而反映相对应实体设备的全寿命周期过程。基于数字化标识、自动化感知、网络化连接、普惠化计算、智能化控制、平台化服务的信息技术体系和电网信息模型构建数字孪生变电站，在数字空间再造一个与物理电网对应的数字变电站，实现全息模拟、动态监控、实时诊断、精准预测电网物理实体在现实环境中的状态，推动电网全要素数字化和虚拟化、全状态实时化和可视化、电网运行管理协同化和智能化，实现物理电网与数字电网协同交互、平行运转。

缺陷诊断、隐患预警、风险管控方面，通过多种手段采集站内设备状态数据、图像、视频、声音等，对数据进行整合处理、抽象分类，筛选出最具代表性且能够灵敏反映站内关键设备工况的状态特征量，构建站内设备运行状态评价的基础数据库；通过建立各状态特征量间的潜在映射关系，构建设备运行状态趋势分析模型，定时进行运行趋势分析，辅以特定算法进行深度融合，从整体和趋势上分析设备健康状态，预判电力设备隐患、识别潜在故障；结合专家知识库，提供主动巡检的具体措施及建议，实现早发现、早处理、快恢复，避免事故，减损增益。

生产指挥、研判决策紧紧围绕国家电网电力应急指挥与决策工作需要，运用现代化信息科学技术，建立集通信保障、信息管理、决策分析、指挥调度于一体，高度智能化的辅助决策系统。生产指挥、研判决策将使应急管理工作的日常预防和应急处置的结合更加紧密，规范应急业务流程，对辖区内具有突发电气事故处理功能的应急联络单位进行统一指挥调度，为不同单位和部门的联络处理提供统一的信息处理、决策和响应紧急情况。重大、突发、辖区内电力事件，联合应急指挥部相关部门可通过应急决策支持系统信息的聚合整合，及时获取各类应急信息，进行综合监测和监视。动态、全面地了解应急现场的状况，利用各种通信手段，对应急响应相关部门进行统一的协调和调度，保障突发事件的应对指挥与部署。

业务流程管理（business process management，BPM）是一套达成企业各种业务环节整合的全面管理模式，通过将从业人员、工作业务、基础数据、专业应用等内容优化组合，来实现跨部门、跨环节、多应用的业务运作和数据流转。配置文件在其整个生命周期中总是涉及以下内容：多部门、多人的参与、不同环节上的上下游关系、环节内和跨环节具体公司的前后端关系、大量的业务数据之间的交叉引用，业务工作对业务应用的高度依赖等。图 3-6 为基于融合技术的智慧巡检中安全可靠运行技术，主要包括缺陷诊断、隐患预警、风险管控，生产指挥、研判决策，以及全业务流程管理三大部分。基于融合技术的智慧巡检可以保障变电站"整站"数字孪生体安全可靠运行，对于变电站"整站"运维管理的数智化水平提升有着重要的研究意义。

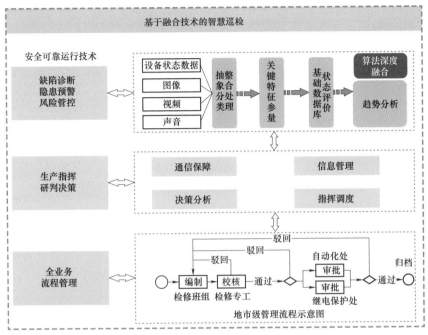

图 3-6　安全可靠运行技术

3.2.3　高效节能降碳

"双碳"目标下新型变电站的构建是传统电力系统的全方位变革，是极具挑战性、开创性的战略性工程。随着新型变电站的建设和发展，清洁低碳、安全可控、灵活高效、智能友好将成为电网和设备运行的核心价值和主要特征，电力设备运行维护的模式将会发生深刻变化和革命性的升级，预测性维护将占据主导地位，下面主要从节能降耗低碳运行、老旧设备延寿以及设备动态增容等方面阐述，如图 3-7 所示。

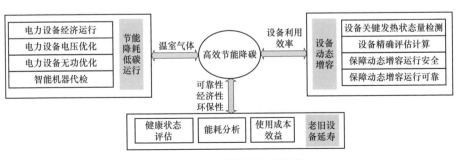

图 3-7　高效节能降碳技术

电力设备在运行过程中，其自身会消耗有功功率和无功功率，在输电网络中，电能传输损耗最多的电网设备是输配电线路和变压器。我国电网变压器损耗约占输配电电力损耗的 40%，年用电损耗约为 2500 亿 kWh，相当于 3 个中等省的用电量总和。变电站运行期间，调度运行、巡视、修理等工作均会产生能源的消耗。运维人员需要定期前往变电站进行维护工作。工程车辆在行驶过程中会消耗化石燃料，从而产生二氧化碳（CO_2）、甲烷（CH_4）和一氧化二氮（N_2O）等温室气体。站内如有 SF_6 设备，该类型设备在修理与退役过程中会直接排放温室气体。虽然单台变电站单次运维产生的碳排放有限，但以年和全市为尺度时，产生的总碳排放也是相当可观的。运用变电站智慧巡检技术后，机器代检将更加快速完成巡检，实时掌握电力设备运行状态，减少运维人员在巡检中的温室气体排放。

我国电网经过多年来的快速发展，大量运行中的电力设备已逐渐接近初始设计寿命年限，老旧设备的比例日益增加，提高老旧电力设备的利用效率、延长设备使用寿命是"双碳"目标下电力行业面临的共性需求。老旧电力设备健康状态与设备的设计技术水平、生产制造工艺、历史运行状态、运维质量以及家族缺陷等多种因素密切相关，需要通过健康状态评估、能耗分析以及使用成本效益等对设备运行的可靠性、经济性和环保性进行精细化测算，建立设备性能、经济和环保综合状态评价体系，为老旧设备的科学合理利用提供依据。

智能电网最大驱动力之一就是提高现有电力设备利用效率，降低电力系统造价和投资，满足节能型、节约型社会的需求。据统计，我国电网设备的利用效率远低于欧美国家电网设备，挖掘电力设备输送潜力效益巨大。随着新型电力系统输电网络的加速建设、主网架的加强和各类先进控制设备的引入，输电网络电气联系将日趋紧密，系统动态稳定性不断得到加强，设备的热稳定极限容量将逐渐成为制约设备输送能力新的瓶颈。采用动态增容技术可在不改变现有输电网结构和确保电网安全运行的前提下，利用原有输电线路和变电设备，最大限度地提高已建成输电网络的传输效率和输送能力，可以有效解决风电并网、负荷高峰或部分设备故障（或检修）等情况下的输电"瓶颈"现象，也可为电网建设投资和成本的管控提供调节手段，在提高设备利用效率、安全可靠供电和节能降耗方面都具有非常重要的应用价值，是新型电力系统需要解决的热点和难点问题。

≫ 3.3 应 用 展 望 ≪

根据图 3-1 所示未来变电站数智化运行维护主要涉及的关键技术体系架

构，智慧巡检中基于"融合技术"能够强力支撑和实现场景的应用展望如图 3-8 所示，基于高保真建模与可视化、多物理场实时仿真与分析技术构建的变电站"整站"数字孪生体模型，将全息智能感知数据（包括设备全寿命周期数据、实时运行数据及环境数据等）输入模型，能够使物理实体变电站"整站"的实时状态信息精准映射到构建的数字孪生体上，实现变电站"整站"状态可视化，工作人员可通过访问操作变电站数字孪生体，实现变电站的现场及远程友好互动（应用展望①）；通过大数据和人工智能技术，使全息智能感知数据在实时数字孪生体模型中不断迭代和验证，进而驱动变电站实现设备和现场作业智能管控（应用展望②），即缺陷诊断、隐患预警和风险管控，进而进一步支撑主设备运检低碳化转型（应用展望③）。

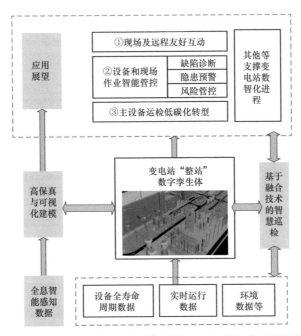

图 3-8　智慧巡检中基于"融合技术"能够强力支撑和实现场景的应用展望

3 个应用展望中，基于"融合技术"的智慧巡检以变电站"整站"数字孪生体对象，强力支撑变电站的全景实时感知、设备健康状态诊断、设备隐患故障定位和高效检修、设备全寿命周期管理和评价。基于"整站"数字孪生体的智慧巡检：管理上，能为变电站的运行管理、作业管理、安全管理、施工管理带来全新的业务决策模式变革；业务上，支撑变电站内业务模拟演练与实时智能控制，真正由预防性检修向预测性检修转变，使运维管理更高效、生产作业更精准、成本开支更精益、安全防御更主动、人员配置更集约。

3.3.1　现场及远程友好互动

变电站数字孪生体是变电站实体在数字空间的虚拟表征形态，可贯穿于产品设计、原材料获取和生产制造、运输存储、基建安装、启动调试、运维检修和报废回收等全寿命周期过程，是实现变电站数智化的最佳技术手段。

依据变电站运维检修阶段的互动场景需求，采取实物"ID"赋码贴签技术[比如射频识别技术（radio frequency identification，RFID）、二维码（QR code）等]的专用智能移动物联终端，对变电站内设备进行扫码建库与识别，保证物理实体设备与构建的变电站"整站"数字孪生体中模型一一对应。基于变电站3D模型和存储汇集的包括反映变电站空间和物理特性的全要素状态监测数据，以及声、光、电、磁、热、化等实时感知数据和历史数据构成的全息智能感知数据，基于高保真建模与可视化、多物理场实时仿真与分析技术构建变电站"整站"数字孪生体。现场及远程友好互动的应用展望如图3-9所示。

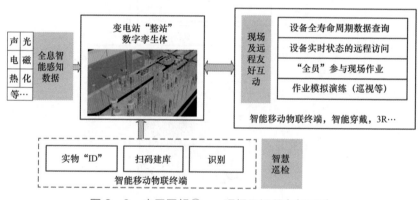

图3-9　应用展望①——现场及远程友好互动

远程终端通过访问数字孪生体，能够实时获得变电站的运行数据和运行状态、查询设备全寿命周期数据，还能监督现场作业项目、对作业人员的行为进行管控，并接受现场人员作业等全方位的实时信息反馈、参与指导或者指挥决策，实现远程管控与生产现场的实时交互；当然，现场作业人员，除了通过专用智能移动物联终端或者穿戴智能装备开展作业项目，同样也能访问数字孪生体，查询作业对象的全寿命周期数据，在与远程管控实时交互的同时，参与决策并按照新下达的业务流程开展作业；此外，应用3R技术和3D可视化展示组件，实时展示变电站3D模型、现实环境和场景，管理或者作业人员可以对数字孪生体进行作业流程模拟演练，即场景搭建、演绎和操控，模拟演练现场作业包括巡视、设备操作与控制、高压试验[包含大型物件（含车辆）的出入和摆放等〕和检修、应急管理（安防、逃生）、技术监督、安全培训等。

3.3.2　设备和现场作业智能管控

电力设备的良好运行状态是电力系统安全经济稳定运行的基础。因此，对于运行在复杂工况与恶劣环境的设备，全面、及时、准确地对设备运行状态进行监测分析与智能管控是保障设备安全稳定运行的重中之重。

通过视频监控、成像检测、无人机及巡视机器人等智能检测工具收集到大量声、光、电、磁、热、化等实时感知数据，和历史数据构成了全息智能感知数据。收集到的电力设备信息数据具有数据来源广泛、体量庞大、类型异构多样和关联复杂等特点。随着监测技术的发展，电力系统中的图像信息呈现多样化爆炸性增长，对海量多源异构数据特征提取的效果决定了数据分析的有效性和准确性。因此，运用大数据和人工智能技术，从数据内在规律分析的角度挖掘出对电力设备状态评估、故障诊断、状态预测等有价值的特征信息，从而为设备智能运维和电网优化运行提供有力支撑。

随着大数据和人工智能技术的不断发展，人工智能技术尤其是深度学习，在众多领域，如图像检测、音频信号处理、数据分析等的应用中，取得了令人瞩目的成效。越来越多的研究人员开始采用深度学习对电力巡检影像进行分析和处理。电力深度视觉旨在采用深度学习技术对无人机、机器人采集回来的海量图像数据进行分析，从而识别设备类型、异常运行状况、内外部缺陷等，进而实现电力设备的无人化巡检与智能管控。通过人工智能技术对电力设备状态识别是实现电力设备智能巡检和诊断的首要步骤。图 3-10 展示了基于实时数字孪生体模型的电力设备状态智能化识别的典型流程。

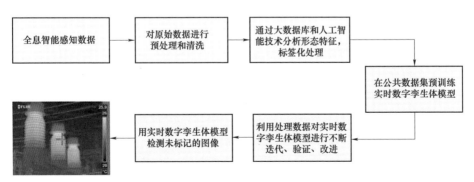

图 3-10　基于实时数字孪生体模型的电力设备状态智能化识别的典型流程

数字孪生技术构建了电力装备及运行环境的数字化镜像，可以在孪生系统中按照现有的管理规定，设置虚拟的巡视策略，并采集巡视人员、检测人员在日常巡视/检测过程中所关注的所有参量，自动报警电力装备的异常状态，实现数字化技术与现有管理规定的无缝匹配，大幅降低巡视工作对于人力的依赖。

数字孪生技术应用后，电力设备不同种类、不同时间尺度、不同部位的检测参量都将以时空主线进行信息合成，实现高维异构数据的可视化展示和分析。现场作业人员可以结合电力设备的数字孪生模型对电力装备状态进行精确评估，对故障位置、故障类型、故障严重程度等问题进行精确诊断，同时对设备寿命进行准确预测。此外，通过数字孪生体的仿真推演对物理变电站变化导致的显性问题或潜在风险进行分析预测，对变电站的复杂耦合数据建模仿真、参数分析、状态监测、故障检查和实时推演，并由虚入实，可辅助决策、指导现场作业人员对变电站的运行状态进行优化，实现变电站的全业务流程管理。图 3−11 为设备和现场作业智能管控的应用展望。

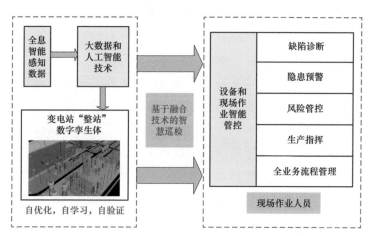

图 3−11　应用展望②——设备和现场作业智能管控

数字孪生技术构建了电力设备运行过程的物理数据到仿真模型的实时映射，使得设备历史状态信息被完整记录，信息被实时采集与展示，将来的状态信息可被精确预测。上述功能将给电力设备管理方式带来如下变化：

（1）巡视/巡检虚拟化。数字孪生技术应用后，会大大降低对电力设备运维人员的需求，传统的人工现场巡视/检测工作都将在数字孪生系统内自动完成，信息的获取也将变得更加多元、全面与精确。

（2）管理智能化。随着设备感知手段的丰富，更多的电力设备状态信息被获取，在大量数据的基础上，装备数字孪生体的建模将会更加精确。通过对多源检测信息的融合分析，建立设备内部全景信息感知网络，对电力设备的状态评估、故障诊断和寿命预测将会更加准确，最终真正实现电力设备从计划性检修到状态检修的转变，实现电力设备的智能化管理。

3.3.3　主设备运检低碳化转型

主设备运检低碳化转型的应用展望如图 3-12 所示。

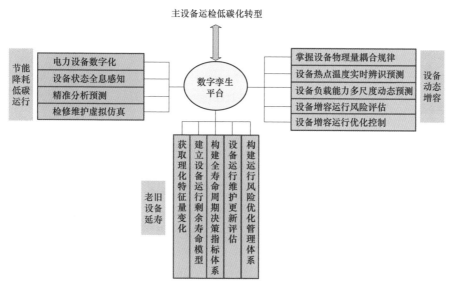

图 3-12　应用展望③——主设备运检低碳化转型

针对现有的电力设备，经济运行和电压无功优化控制是实现电力设备节能降耗目标的关键环节，其运行方式的优化选择和电力设备间负载的合理分配是降低变压器综合功率损耗的常用技术手段。新能源系统、储能设备广泛接入会使电力系统谐波含量增加，而电能质量与节能降耗之间存在紧密的联系，谐波会大幅增加电力设备的运行损耗，其损耗的大小与谐波的强度及频率有关。利用数字孪生平台在数字世界虚拟推演电力设备运行状态的演变趋势，可以大幅提高电力设备的数字化、信息化和智能化水平，实现设备状态全息感知、状态精准分析和预测、故障智能诊断甚至检修维护的虚拟仿真，为设备的预测性维护奠定坚实的基础。同时，高度数字化、智能化的电力设备不仅能实时反映设备运行状态，更能依托数字孪生系统迅速定位故障点、分析故障原因，使电力设备的运行与检修工作融为一体，大幅提高运行和检修人员的工作效率。

老旧设备高效利用和延长使用寿命的基础是设备剩余寿命预测和全寿命周期管理，在设备设计、生产、安装、运行、维修保养直到报废回收处置的全寿命周期中对设备实施全面的管理。对于失效机理明确的设备寿命预测主要基于物理基础失效模型，如变压器寿命利用油纸绝缘老化动力学模型和监测数据曲线评估失效概率和剩余寿命。对于失效机理不明确、尚无合理的物理模型可以表征其退化形式的设备，可采用数据驱动失效模型对设备状态进行评估。数据驱动模型需要大量的历史监测退化数据，分析退化趋势，再通过机器学习模型预测其剩余寿命。需要研究的关键问题是多因素老化过程中的物理、化学现象及各种特征量的变化规律，寻找能够准确获知绝缘系统老化状况的新特征量及评估方法，建立物理意义明确、失效时间准确的设备运行剩余寿命模型。同时，需要构建电力设备全寿命周期管理决策指标体系，对设备运行维护及更新策略进行全方位评估，建立以运行风险为核心的电力设备全寿命周期优化管理体系。

设备动态增容的主要技术瓶颈在于如何提高变压器热点温度、架空线路弧垂和电缆线芯等设备关键发热状态量监测和评估计算结果的准确性，以及如何保障设备动态增容运行的安全性和可靠性。未来研究的主要方向：掌握设备热点温度与电磁场、机械应力等不同物理量的耦合变化规律，结合设备数字孪生模型和多物理场耦合分析实现设备热点温度实时辨识和精准预测；考虑多因素综合影响的设备负载能力多尺度动态预测和增容运行的风险评估方法；结合电网潮流变化的设备增容运行优化调度和控制策略等。

》 3.4　应 用 设 计 《

如图 3－13 所示，本章节主要围绕智慧巡检涉及的核心装备——变电站巡检无人机、巡检机器人、主设备状态监测系统、高清视频巡检系统和智能穿戴装备，设计在应用展望描述的、基于"融合技术"能够强力支撑和实现的特定场景，为"核心装备"和"协同巡检模式"等后续章节叙述做铺垫。

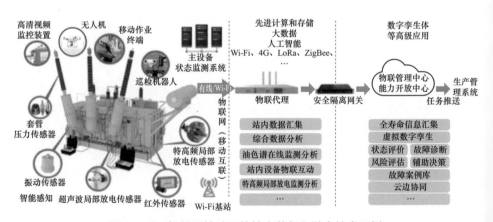

图 3－13　智慧巡检涉及的核心装备和融合技术示例

3.4.1　融合模式

随着系统的复杂性日益提高，依靠单个传感器或单一技术手段对设备状态量进行观测、分析应用显然限制颇多。融合是对知识、工具和所有相关人类活动的深度集成，社会因而能够回答新的问题，以改变各自的物质或社会生态系统。通过融合，实现集成创新与协同增效，可开辟诸多新的趋势、途径和机会。随着传感技术、通信技术、信息处理技术、人工智能技术、多媒体技术、虚拟现实技术、智能机器人技术等的飞速发展，变电业务需要推进技术融合、信息融合、业务融合等。

1. 技术融合

技术融合是指不同类型的技术通过集成（technology integration）来描述创新中包含多种技术的互补协作现象。技术融合的重要作用不仅在于从组合中实现更高层次的集成功能以及相应的价值增生，还在于它促进了多种技术的协同增效及演化。技术融合发展创新正成为全球技术和产业发展的重要趋势，单靠5G、人工智能（AI）、区块链等单一技术驱动的特征越来越弱，大数据+区块链、5G＋AI 等融合创新的态势越来越显著，也越来越重要。变电智慧巡检中存在诸多场景需要技术融合予以提升应用效果，比如巡检机器人融合了图像、定位、导航、机器人等，才能确保自主智能巡视效果；通过红外图像、可见光图像、紫外图像等多光源配准融合，结合三维重构技术提升检测数据与结果的直观性与友好性；5G 通信技术与传统信息交互方式的融合等。数字孪生技术就是典型的大数据、人工智能、物联网、建模仿真、虚拟现实等多技术融合协同而产生的一种新技术形态，也是技术融合的典型代表。技术融合必将成为实现电网数字化、智能化、信息化转型建设的重要基础及支撑。

2. 信息融合

状态评估中往往需要应用多传感器技术实现多种特征量的监测，并对这些传感器的信息进行融合，以提高状态评估的准确性、可靠性及全面性。信息融合是利用计算机技术将来自多个传感器或多源的观测信息进行分析、综合处理，得出决策与任务信息的处理过程。信息融合的基本原理：充分利用传感器资源，通过对各种传感器及人工观测信息的合理支配与使用，将各种传感器在空间和时间上的互补与冗余信息依据某种优化准则或算法组合起来，产生对观测对象的一致性解释和描述。其目标是基于各传感器检测信息分解人工观测信息，通过对信息的优化组合来导出更多的有效信息。根据融合发生的环节或阶段，信息融合存在以下三种方式。

（1）数据层融合。数据层融合是直接在采集到的原始数据层上进行的融合，在各种传感器的原始测报未经预处理之前就进行数据的综合与分析。数据层融合一般采用集中式融合体系进行融合处理过程。这是低层次的融合，如成像传感器中通过对包含某一像素的模糊图像进行图像处理来确认目标属性的过程就属于数据层融合。

（2）特征层融合。特征层融合属于中间层次的融合，它先对来自传感器的原始信息进行特征提取（特征可以是目标的边缘、方向、速度等），然后对特征信息进行综合分析和处理。特征层融合的优点在于实现了可观的信息压缩，有利于实时处理，并且由于所提取的特征直接与决策分析有关，融合结果能最大限度地给出决策分析所需要的特征信息。特征层融合一般采用分布式或集中式的融合体系。

（3）决策层融合。决策层融合通过不同类型的传感器观测同一个目标，每个传感器在本地完成基本的处理，其中包括预处理、特征抽取、识别或判决，以建立对所观察目标的初步结论。然后通过关联处理进行决策层融合判决，最终获得联合推断结果。

3. 业务融合

广义的业务融合是指研发设计、生成制造、运行维护、经营管理等各个环节，实现业务创新与管理升级。变电业务的融合注重的是多业务一体化实施、数据的共享应用。业务融合可从一二次专业的融合、一专多能、一机多用，打破运维、检修的"专业壁垒"等多层次开展。比如，依托虚拟现实技术、虚拟现实技术、多媒体技术，实施设备"主人＋全科医生"的管理新模式，以"提质增效、切实解决问题"为原则，整合变电设备的巡视、操作，故障及时处理，提升变电专业人员的运维、检修能力，缩短变电设备停电检修的时限；利用"移动作业终端"可开展运行设备台账盘点及运维巡视、倒闸操作、工作票办理、试验报告记录等作业，实现设备巡视、日常维护、数据抄录、缺陷登记等无纸化作业，完成变电站移动作业部署应用，有效提高了变电站设备运维和设备管理维护质效。

3.4.2 技术融合

1. 设计 1

应用对象：套管等绝缘子。

场景设计：可见光、红外和紫外的套管等外绝缘巡检。

涉及数据：图片。

关键技术：智能感知＋物联网＋大数据＋人工智能。

功能实现：设备识别、缺陷检测。

模型框图：数据流。

随着电力系统的不断发展，套管、支柱绝缘子等设备作为变电站电气绝缘和机械固定的关键设备，在电力系统中得到了广泛应用。站内绝缘子传统巡检方法包含人工观测拍照、红外和紫外检测等多种方法，其检测数据主要以图像形式存在。但每种传统检测方法均有其局限性，且只对单一状态量进行检测，不能全面反映站内绝缘子的整体状态，无法对潜在缺陷进行精准预测。

随着电网升级转型智能浪潮的持续推进，采用可见光、红外和紫外的套管等站内绝缘子巡检技术应运而生，总体架构如图 3-14 所示。该技术利用智能感知、物联网、大数据和人工智能等关键技术，通过不同的传感器获得绝缘子的可见光、红外以及紫外图像，利用图像融合技术将不同信息进行融合，实现对站内绝缘子的设备识别和缺陷预警，确保电网的安全可靠运行。

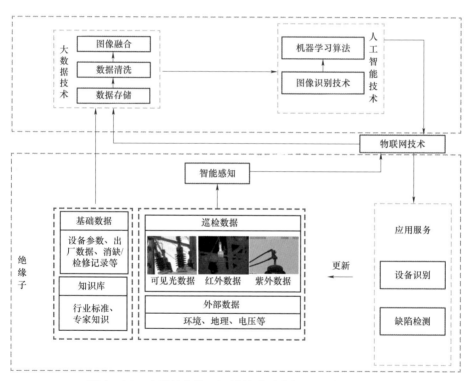

图 3-14　套管等绝缘子巡检技术融合智慧巡检总体架构

借助智能感知技术，通过不同的图像传感器，获取站内绝缘子的主体数据，并利用物联网技术上传至大数据库中。大数据库首先进行冗余数据的清洗滤除，然后通过图像融合技术对不同类型的图像数据进行融合。融合后的图像可借助人工智能技术，实现设备识别和缺陷预测，并及时告知运维检修人员绝缘子故障情况，针对性地给出检修策略，提升电网智能化运检水平。

2. 设计 2

应用对象：气体绝缘金属封闭开关设备（GIS）。

场景设计：GIS 运行状态巡检。

涉及数据：局部放电（超声＋特高频）＋振动＋红外成像。

关键技术：智能感知＋物联网＋大数据＋人工智能。

功能实现：缺陷识别（绝缘＋结构）、SF_6 气体泄漏。

模型框图：数据流。

气体绝缘金属封闭开关设备（GIS）是变电站的重要组成部分，具有占地面积小、可靠性高、安全性强、运行维护工作量很小等优点，因而被大量使用在重要负荷、枢纽变电站中。但由于其采用全封闭结构，难以及时发现并排除隐患，一旦发生故障，将会带来严重的经济损失。伴随着智能电网建设的不断推进，可以实现 GIS 实时在线的故障诊断与状态预知等，及时消除隐患，防止故障扩大。

GIS 的故障模式主要包括绝缘故障、机械故障、SF_6 气体泄漏故障等。绝缘故障主要有 GIS 内部存在异物、高压导体表面存在毛刺、绝缘件内部存在缺陷、触头接触不良、屏蔽罩松动等原因，造成局部放电、沿面闪络成绝缘击穿。机械故障包括壳体振动、操动机构缺陷引起的拒动误动等。SF_6 气体泄漏故障通常发生在 GIS 的密封面、焊接点和管路接头处，主要由于密封件老化、焊缝砂眼等。

针对绝缘故障，可采用超声波、特高频等局部放电传感器对 GIS 气室进行实时监测，及时获取局部放电信号。针对机械故障中典型的振动故障，可采用振动传感器获取 GIS 振动信号。针对 SF_6 气体泄漏故障，可采用红外传感器查找漏点。通过人工智能算法构建 GIS 状态评估、故障诊断等模型，并及时告知检修人员故障情况，针对性地给出检修方案，实现 GIS 的智慧巡检与诊断。气体绝缘金属封闭开关设备（GIS）技术融合智慧巡检总体架构如图 3－15 所示。

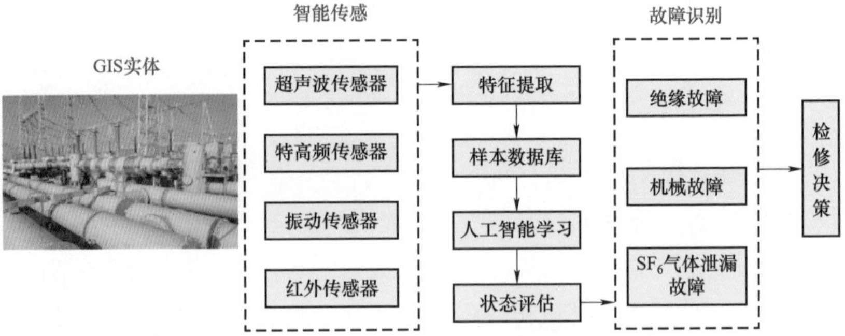

图 3－15　气体绝缘金属封闭开关设备（GIS）技术融合智慧巡检总体架构

3.4.3 数据融合

1. 设计 1

应用对象：变电站主设备（同类数据）。

场景设计：高清视频监控的主设备巡检。

涉及数据：视频。

关键技术：物联网＋大数据＋人工智能。

功能实现：设备识别、缺陷检测。

模型框图：数据流。

变电站主设备包括主变压器、避雷器、电抗器、电流互感器、电容器、电压互感器、断路器、隔离开关、站用变压器、组合电器等，它们是整个变电站的重中之重，承载着整个变电站的主要核心工作，而变电站主设备的安全运行关乎着电网整体布局、一方百姓用电安全。传统查看变电站主设备运行状态，都是单一的摄像头视频，再结合相关的实时数据信息页面，来对设备的实时状态进行评判，这项工作操作繁复，且不够直观。

采用实景数字孪生、物联网、大数据技术，对变电站主设备进行虚拟模拟，实现全景监测、指哪看哪、设备识别、行为识别。

全景监测：传感设备实时采集，结合物联网感测数据实时传输至数据中台，进行大数据分析，对整个变电站主设备进行实时状态的监测，孪生系统从数据中台调取主设备遥信、遥测、台账、履历等数据，结合主设备孪生模型，以孪生模型为底座，搭载全专业孪生数据，三维可视化全景全息展示。

视频融合：通过现场主设备摄像头获取主设备实时视频流，传送至视频中台，孪生系统通过获取中台全方位视频流，全息投射拼接至虚拟空间主设备模型，实现主设备全方位纹理、状态实时展现的虚实结合，达到远方实时、直观的设备情况查看。

指哪看哪：对摄像头所在空间内 720° 进行角度分析，实现孪生系统内点击特定区域，摄像头自动聚焦呈现点击区域实时现场情况，达到一键指哪、查看设备各项监测标记的目的，并结合视频融合技术，实现查看设备信息状态的直观化、实时化、快捷化。

设备识别：利用图像识别技术，对主设备类型、各项监测数据、设备全方位状态等进行智能对比分析，判断特定设备的健康安全状态，对设备进行智能状态评价，再结合视频融合技术，将智能分析结果全息投射至真实的孪生虚拟场景，实现远方查看主设备真实情况下的全景全息状态数据，达到设备状态观察的现场化、直观化、快捷化。

行为识别：利用图像识别技术，对在场人员的具体行为进行智能识别对比分析，判定人员是否违规操作，如跨越电子围栏、触碰带电设备等，再结合视频融合技术，将智能分析结果全息投射至真实的孪生虚拟场景，实现远方查看现场人员行为动作分析结果的全景全息状态数据，达到人员行为观察的现场化、直观化、快捷化。

结合人工智能、视频融合、图像识别技术，实现虚实结合，通过智能分析变电站主设备的实时运行状态，以及对工作人员状态行为进行分析，再结合大数据，实现真实场景与实时数据的联动交互，做到实时准确、精准预判的数据分析，降低错误的发生概率，保障电力以及人员的安全。

通过机器人、无人机、多方监控，对变电站主设备实行多方实时联动监测，分析处理采集的视频数据，通过遥感控制监控设备指哪看哪，对变电站主设备和现场工作人员进行实时的设备识别、行为识别，实现对整个变电站的全景监测，保障整个变电站的安全运行。

变电站主设备数据融合智慧巡检总体架构如图3-16所示。

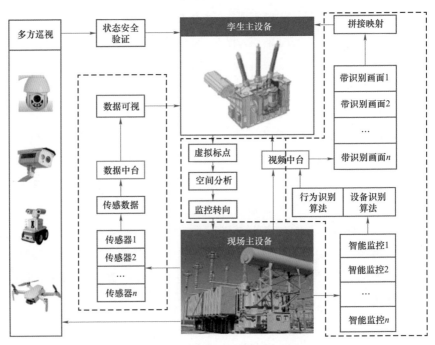

图3-16 变电站主设备数据融合智慧巡检总体架构

2. 设计 2

应用对象：电力变压器（异类数据）。

场景设计：变压器状态评价的数字孪生体。

涉及数据：数值、文本、图像、视频。

关键技术：智能感知＋大数据＋人工智能＋数字孪生。

功能实现：状态评估、故障诊断、检修决策。

模型框图：数据流。

电力变压器承载着电压变换与电能输送等功能，是保障电网安全运行、用电人民安全的关键设备。伴随着智能电网建设的不断推进，电力变压器积累了大量多源异构数据。多源性表现为变压器状态数据来源多样化，涵盖设备台账数据、监测数据、外部数据、专家知识库等；异构性则表现为变压器状态数据结构多样化，包括数值、文本、图像和视频等结构化、半结构化及非结构化数据。传统的数据挖掘方法只能对变压器特定部件的单一状态量或几个状态量数据进行状态评价，无法反映变压器综合运行状况并进行合理预测。

电力变压器状态评价数字孪生体以反映设备运行状态的多源信息为数据基础，利用智能感知、人工智能与大数据等技术手段实现对实时数据的快速采集及处理，构建的数字孪生体模型能够完全复现物理实体在现实环境中的运行状态，实现物理世界与数字世界的信息互通互联，通过对数字孪生体模型的监测，实现实时、在线的状态评估、故障诊断、状态预测和检修决策，反馈给物理变压器实体。

物理世界中的变压器实体，主要作为数据采集装置的监测对象以及变压器数字孪生体各种模型的主体数据源，具有多源异构数据感知能力。通过物联网技术和大数据技术，实现多源异构数据的采集、清洗、存储和传感器数据融合，上传至数字孪生数据库中，进行变压器数字孪生体的实时动态更新，使其更加接近物理实体。同时针对不同的数据，采用传统机器学习算法、文本挖掘、图像识别等人工智能技术构建变压器状态评估、故障诊断等模型，并将模型融合封装到数字孪生模型中，使其能够实时模拟变压器运行状态，通过实时模拟和实时监测，实现变压器状态的实时感知、故障问题的及时诊断、异常状态的提前预警、未来状态的准确预测，并针对性地给出检修方案建议，实现数据在物理世界和数字世界的动态流动和实时更新迭代。

通过数据驱动的方式，数字孪生体可以动态反映变压器健康状态在人的运维行为、与环境交互等复杂不确定性因素下的演变过程，有助于实现设备的全寿命周期管理，有效降低设备运行成本，提高设备使用寿命。

变电站设备监控与智慧巡检技术丛书　变电站智慧巡检关键技术

电力变压器状态评价数据融合智慧巡检总体架构如图 3-17 所示。

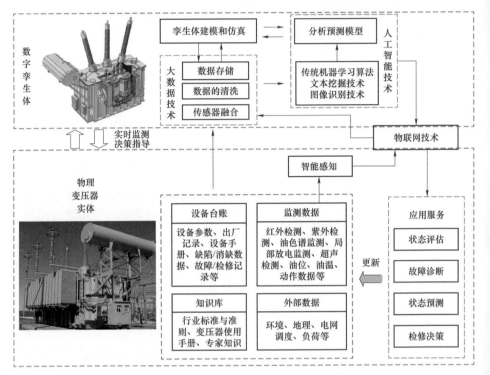

图 3-17　电力变压器状态评价数据融合智慧巡检总体架构

3.4.4　业务融合

1. 设计 1

应用对象：作业培训、模拟和交互。

场景设计：基于 3R+数字孪生体的设备检修作业培训、模拟和交互。

涉及数据：高保真设备三维模型。

关键技术：3R+数字孪生体。

功能实现：设备检修过程仿真、拆解演练、沉浸式安全培训和现场交互。

模型框图：数据流。

将数字孪生技术与 3R（VR、AR 和 MR）技术相结合进行设备检修作业培训、模拟和交互，能够以设备运行状态数据与检修过程数据作为检修指导的决策依据，进而提高设备检修指导效率，降低故障设备对生产造成的影响。

在线培训功能。该模式主要针对人员培训进行设计。首先，调用历史检修数据库中的检修记录（检修视频片段、检修问题记录表），并结合混合现实实验

66

原理仿真动画展示该设备的实验工作原理，实现对现场检修人员的在线培训。其次，在混合现实全息模型上进行手势交互（点击、放大、缩小、移动、旋转），了解设备内部零件结构。最终，检修人员通过在混合现实模型上进行预操作，验证操作过程的可行性，并进一步在真实的检修设备上进行检修操作。

实时检修模拟功能。该模式主要针对复杂设备的实时检修进行设计。首先，调用故障采集数据库中的故障数据（电气、液压、机械），系统将传感器采集到的有效故障信息进行分析处理，并进行故障分类编号，进而对该设备的故障点进行准确定位。其次，将分类好的故障 ID 编号与对应的 3R 检修指导流程片段进行匹配，若系统能够给出相应的解决方案，可根据该解决方案在混合现实模型上进行预操作，并最终在真实设备上进行检修操作；若系统不能给出解决方案，系统则启用远程专家在线指导，检修人员根据融合虚拟检修注释的远程专家指导全息视频在真实的检修设备上进行检修操作。

多人协同交互功能。该模式主要针对疑难检修问题的小组讨论进行设计。首先，在多人协同网络环境中，可实现多人在同一空间中的全息检修信息共享，并能在该空间下进行虚拟交互，便于讨论者制定出合理的解决方案。其次，通过第三视角录制，在后期可便于操作人员观察示教者与全息模型，并对讨论环节中遗留的问题进行记录。最终，在混合现实模型上对多人讨论制定出的预操作方案进行验证，并在真实的检修设备上进行操作。

数字孪生＋3R 设备检修作业培训、模拟和交互系统总体架构如图 3-18 所示。

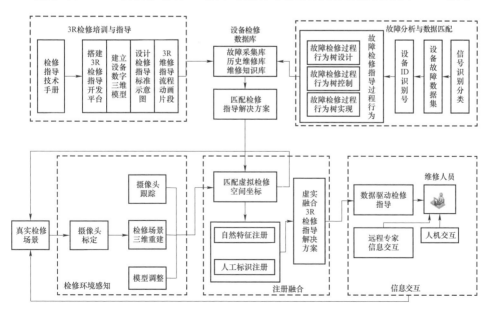

图 3-18　数字孪生＋3R 设备检修作业培训、模拟和交互系统总体架构

2. 设计 2

应用对象：变电站应急管理。

场景设计：主设备燃爆应急处置和管控。

涉及数据：环境、消防和门禁数据，视频。

关键技术：智能感知＋物联网＋数字孪生＋人工智能。

功能实现：火灾模拟、应急演练。

模型框图：数据流。

针对主设备运行状态不易监测的问题，将热成像摄像头与数字孪生模型相贯通，通过数字孪生模型实时展示主设备温度场动态数据驱动模型，实现对主设备温度场运行状态的可视化监测、预警和异常精准定位，提升变电站主设备火灾监测能力。针对电缆沟电缆运行状态不易监测的问题，将反映动力电缆绝缘性能的剩余电流监测系统和反映电缆发热情况的光纤测温系统与数字孪生电缆沟模型相贯通，实现对电缆沟电缆运行状态的监测、预警和异常精准定位，提升变电站电缆沟电缆消防火灾监测能力，如图 3-19 所示。

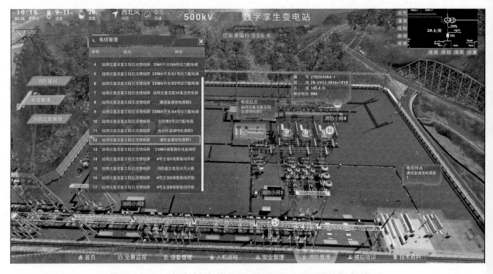

图 3-19　变电站电缆沟电缆消防火灾监测能力提升

提升变电站火灾应急处置能力。将主设备位置等在数字孪生场景中直观展示，发生异常时可快速、直观定位异常位置，大幅缩短异常查找时间。同时将全站消防设施、器材等添加至数字孪生系统，实现消防应急智能启动，结合寻路算法，发生火灾时可提供最佳处置策略和逃生路线，显著提升变电站火灾应急处置能力。

　　基于数字孪生开展消防应急演练，提升可视化、全业务贯通的能效，在系统中开展消防应急培训，从消防预案、消防设施设备、消防应急响应、系统联动等环节进行演练，为消防应急处置提供常规培训。

　　变电站应急管理业务融合如图 3-20 所示。

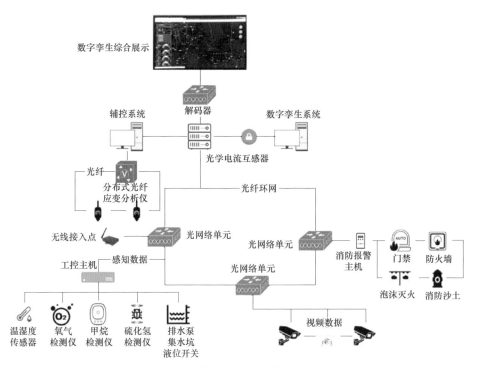

图 3-20　变电站应急管理业务融合

第**4**章

智能巡检核心装备

随着电网的快速发展,变电站巡检的无人化、数字化、智慧化应用需求度越来越高,通过运用数字孪生、深度学习、边缘计算、大数据分析等多种技术形成的高清视频、状态监测、声纹识别、紫红外成像等监测手段也随之普及。

变电站设备的巡检由机器人、无人机搭载各种监测设备配合固定安装的状态监测和高清视频等设备完成,解决了固定安装的状态监测和高清视频等设备监测盲点问题,将变电站巡检方式从平面监测向立体监测转变。结合 AR 技术的智能穿戴设备的应用,可将现场作业人员看成一个"超级单兵",并可给变电设备智能巡检和检修作业提供技术支撑,减少检修人员数量,提高检修效率。

通过智能巡检设备的应用可以及时发现电力设备中的故障隐患,实现电力设备巡检管理的实时化、科学化,提高维护管理水平及工作效率。

≫ 4.1 智能巡检机器人 ≪

变电站智能巡检机器人是以移动机器人为载体,搭载检测设备,采用遥控或自主运行模式用于变电站设备巡检作业的移动巡检装置,主要由移动载体、通信设备和检测设备等组成。巡检机器人可对站内变电设备开展紫外成像、红外测温、表计读数、局部放电监测、声纹采集、分合执行机构识别及异常状态报警等,并将巡检的数据实时上传。

4.1.1 研究背景

传统的变电站人工巡检作业需要运维人员近距离看、听、闻、嗅,作业时需携带大量的检测仪器,存在劳动强度大、工作效率低、人身安全无保障、人机工效差等问题,同时受运行人员素质、恶劣气候条件影响,巡检质量不稳定,管理成本高，容易出现漏判、误判。伴随着电网规模的快速发展，变电设备巡检数据急剧增长，研究一种变电站设备创新性的巡检手段，一直是电力行业的研究重点。

智能机器人技术作为人工智能技术的重要组成部分，自国家"十三五"规划明确提出要"大力开展机器人等前沿领域创新和产业化"以来，我国机器人技术进入了空前的快速发展时期。以此为契机，我国电力行业也对机器人技术的研发与使用进行了大力推广。近几年，电力机器人的市场逐渐明确，越来越多的厂家开始研制变电站巡检机器人。

1. 国外研究情况

将机器人技术正式应用于电力行业可以追溯到 20 世纪 80 年代末，日本率先开展电力巡检机器人研究工作，后续包括加拿大在内的多个国家也陆续开展了相关研究。东京电力公司的 Jun Sawada 教授于 1988 年研制了一款应用于 66kV 以上光纤复合架空地线的巡视机器人。随后日本三菱商事与东京电力公司联合开发了基于轨道行驶的 500kV 变电站巡检机器人。如图 4-1 所示，该机器人能够沿固定轨道行驶，同时通过红外热成像仪与可见光摄像机配合云台，完成站内设备数据与信息的采集。2003 年，日本学者提出了一种沿 ID 卡轨道行驶的，配合充电房、本地后台和远程集控后台工作的巡检机器人。

图 4-1 日本早期的轨道机器人

2008 年，配合磁导轨使用的 RFID 技术开始应用于巡检机器人。加拿大魁北克水电站研制的变电站智能巡检机器人在其所有的多个变电站进行区域巡检，该机器人搭载红外热成像仪、可见光图像采集系统，实现了远程监控、远程遥控，可以对机器人进行实时控制。同年，巴西圣保罗大学研制了变电站内用于发热点检测的巡检机器人，如图4-2所示，通过自身携带的红外热成像仪采集温度图像并完成分析，区别于传统的地面轨道机器人，该机器人沿变电站内架设的高空行走轨道完成行走，实现空中实时监测。至此，有轨导航的智能巡检机器人系统已经初具雏形。

图4-2 巴西圣保罗大学的高空轨道机器人

四足移动机械的研究最早可以追溯到三国时期的"木牛流马"，1977年，Frank和McGhee完成了世界上第一台多足机器人。McGhee的机器人关节由逻辑电路组成的状态机控制，每个状态由前一个状态触发，这使得机器人行为受到限制，只能呈现固定运动形式。然而，它开启了计算机控制机器人步态的大门。直到20世纪80年代，随着计算机技术的快速发展，四足移动机械的相关研究获得了飞跃式发展。

国外变电站巡检机器人应用较少，只在相关报道中检索到日本、巴西、新西兰等少数国家有所应用。

2. 国内研究情况

相比于日本、美国等国家，我国在机器人领域的研究起步较晚，国家电网山东电力公司及国网山东省电力公司电力科学研究院在1999年成立电力机器人技术实验室，最早开始进行电力机器人的研究，2002年在此基础上成立了国家电网公司电力机器人技术实验室。2004年，该实验室成功研制出了我国首台变电站巡检机器人功能样机，后续在多方支持下，综合利用非接触测量法、基于多传感器数据融合的导航定位算法、搭载红外热成像仪与可见光摄像机的伺服云台控制等技术，实现了巡检机器人在变电站室外环境全天候、全区域自主巡检，同时配合本地后台服务器开发了对应的系统分析软件，实现了设备仪表读数、分合开关状态识别、设备热缺陷分析，变压器声音异常检测、异常状态告警等功能。

2012 年成都慧拓变电站智能巡检机器人在郑州 110kV 牛砦变电站正式投入运行，该机器人可以对开关、仪表等进行视频分析，自动判断变电站设备的运行状态及预警。同年，国网重庆市电力公司和重庆大学联合研制的可远程监控及自主运行的变电站巡检机器人在巴南 500kV 变电站成功试运行；中国科学院沈阳自动化研究所研制的轨道式变电站巡检机器人（该机器人具备除霜除雪装置，行进速度远超无轨导航巡检机器人的运动速度），在辽宁鞍山 220kV 王铁变电站投入试运行，并实现在冰雪覆盖等恶劣路面环境下的全天候高效率巡检，如图 4-3 所示。

图 4-3　沈阳自动化研究所轨道机器人

如图 4-4 所示，浙江国自机器人技术股份有限公司研制的无轨导航技术变电站智能巡检机器人"大眼萌"，于 2013 年在广东电网有限责任公司中山供电局 500kV 桂山变电站投入运行。

图 4-4　浙江国自巡检机器人

国内的四足机器人研究起步较晚，处于模仿和追赶的阶段，但仍然有一些突出的成果。较有代表性的是杭州宇树科技有限公司的四足机器人莱卡狗，以及浙江大学的机器人绝影和赤兔。

时至今日，随着计算机性能的大幅提升以及通信技术、人工智能技术、高清摄像技术、图像识别技术、红外测温技术的发展，国内变电站巡检机器人的研究工作有了很多的成果与突破，现在电力行业已经普遍使用机器人代替人工来完成巡检任务。特别是巡检机器人能够在高温、高压、高噪声、恶劣天气环境下进行巡检，极大地降低了人员在变电站等高危环境下的作业危险，提高了高危环境下的巡检质量和效率。

4.1.2　核心本体设备

变电站智能巡检机器人通过自主导航功能依据巡视任务自动规划最优路径，或按照预先设定的路线进行自主行走至停靠位置，在变电站室内外开展巡检作业。变电站智能巡检机器人包括移动本体、微机系统、避障系统、导航定位系统、通信系统、检测设备等。移动本体是变电站智能巡检机器人的核心和关键，有了移动本体，才能在此平台上建立不同的巡检工作体系。

变电站智能巡检机器人的行走系统，是决定一台巡检机器人能否正常运行工作的基础环节，也是迄今为止每一次巡检机器人更新换代都会发生明显改进的一项重要内容。变电站巡检机器人多种行走系统并存，本书仅对应用较多的挂轨式机器、轮式机器人、轮履复合式机器人、四足式机器人加以介绍，不再涉及其他形式的机器人。

1. 挂轨巡检机器人

低压开关室、保护室等室内场所受环境因素限制，难以用简单安装少量高清视频替代人工巡视，如大范围部署高清视频，成本会急剧上升，对于这些区域的智能巡检，安装挂轨巡检机器人能有效降低传统巡检设备的成本，并提供稳定的巡检手段。

如图 4-5 所示，变电站挂轨机器人智能巡检系统由后台主机、各设备室挂轨机器人就地管理装置及各设备室的挂轨机器人组成。挂轨巡检机器人可以搭载多组高性能监测仪器，精确识别室内各类表计、连接片状态及设备制热现象，能够完成巡检、探测、监控以及故障诊断、预警报警等功能。

如图 4-6 所示，挂轨机器人底盘一般采用轮式结构，其主要由电动机、驱动轮、导向轮、弹簧装置以及定位标签读取装置组成。电动机拖动驱动轮行驶，驱动轮上装有计算行程的盘码用以记录机器人的行驶距离；定位标签读取装置读取定位标签信息修正机器人的位置信息，导向轮利用轨道弹簧压缩力调整驱动轮方向实现弯道转弯。

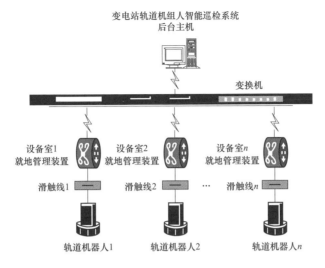

图 4-5　挂轨机器人

吊装式轨道　机器人本体　升降机构　高清摄像机

视频监控　　红外测温监测
图像识别　　有毒、可燃气体检测
环境检测　　信息交换与网络通信
实时定位　　智能报警
智能防撞与避障　多种巡检模式

图 4-6　挂轨机器人结构

　　系统后台主机建立巡检任务，自动规划、生成并发布最优巡检路线，机器人接收到巡检任务及最优巡检路线后自动开展巡检工作；工作或行驶过程中通过红外传感器解决误碰而损坏设备的问题。

2. 四轮巡检机器人

电力巡检机器人的运动机构通常为四轮结构，按照运动控制方式不同，可分为主从驱动方式、四轮四驱方式、四轮八驱方式三种。四轮巡检机器人根据任务安排可在室内、室外场景执行巡检任务，并实时将传感数据回传至中心平台。

（1）如图4-7所示，两驱四轮机器人是两轮转向、两轮驱动结构，它的最小转弯半径受到限制，且两个驱动轮在转弯时处于滑动状态，降低了机器人的稳定性，不能很好地在有限空间运动，且不能实现任意角度运动功能。

（2）如图4-8所示，四轮四驱机器人使用四台轮毂电机搭配四台步进电机进行控制，实现四个轮毂的独立自由转动，实现巡检机器人在变电站环境内的精准移动、强力驱动、原地转向、紧急制动等功能需求，能适应更多的路面，越野能力强，四轮独立转向，运动灵活，轨迹跟踪精度较高，能够很好适应室外场景。

图4-7　两驱四轮机器人

图4-8　四轮四驱机器人

四轮四驱巡检机器人的四个轮子大小应相同，且四个轮子独立驱动，结构前后、左右对称，负载性能、越障性能要好于两轮差速驱动机器人。四轮四驱动机器人（SSMR）做直线或圆周运动是由四个轮子的转速共同决定的，因此需要联合控制四个电机转动，通过滑动摩擦实现转向运动，所以需要考虑机器人质量分布对机器人运动的影响。

（3）如图4-9所示，四轮八驱巡检机器人每个车轮的驱动电机和转向电机均为独立控制，可实现原地转弯以及任意时刻任意方向的行走，对路面状况的适用性更强。机器人采用四轮八驱设计，脚轮可360°旋转，支持原地转向与横向行走，运行灵活，拥有超强环境适应能力，轻松应对各种复杂巡检路况，可实现变电站免施工，避免破坏站内环境。

实时监控

巡检管理

表计识别

语音对讲

数据统计

预警联动

局部放电检测

环境检测

图 4-9　四轮八驱机器人

3. 轮履复合式巡检机器人

如图 4-10 所示，轮履复合式巡检机器人在行走机构上同时装有轮胎和履带，当机器人在较平坦的环境移动时，使用轮式，以获得较快的移动速度，体现轮履复合式机器人的机动性。

图 4-10　轮履复合式机器人

靠左右两台直流减速电机的轮式行走传动机构实现平台的前后运动。靠底盘上安装的前、后两台直流减速电机的履带式行走传动机构、摆臂越障机构等实现移动平台跨越一定高度的路边石和路面台阶等障碍。移动平台组成结构如图 4-11 所示。

4. 四足机器人

如图 4-12 所示，四足机器人采用高性能四足底盘，具备全场景、全地形的运动能力，具备行走、小跑等运动功能，满足复杂应用场景中对多变环境和更丰富应用模块的需求，成为近几年国内外机器人领域研究的热点。智能巡检四足机器人通过在防护能力、扩展能力、负载能力、续航能力等多方面全面升级，大幅拓宽了作业环境，可以完成实时视频、红外热成像等，分析发现设备异常及时告警，还可定制简易机械臂操作等各类专业模块。

移动平台

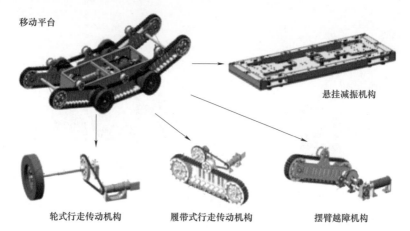

悬挂减振机构

轮式行走传动机构　　　履带式行走传动机构　　　摆臂越障机构

(a) 轮履组合式机器人移动平台组成

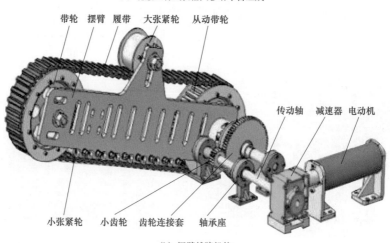

带轮　摆臂　履带　大张紧轮　从动带轮

传动轴　减速器　电动机

小张紧轮　小齿轮　齿轮连接套　轴承座

(b) 摆臂越障机构

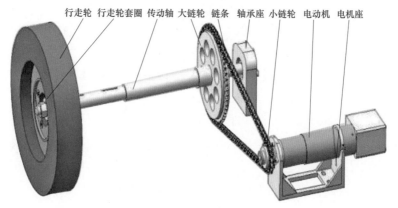

行走轮　行走轮套圈　传动轴　大链轮　链条　轴承座　小链轮　电动机　电机座

(c) 轮式行走传动机构

图 4-11　轮履组合式机器人移动平台组成结构（一）

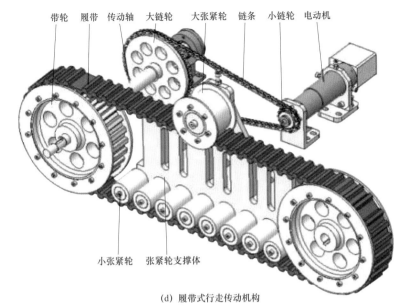

带轮　履带　传动轴　大链轮　大张紧轮　链条　小链轮　电动机

小张紧轮　张紧轮支撑体

(d) 履带式行走传动机构

图 4-11　轮履组合式机器人移动平台组成结构（二）

国内研究领域与国外还是有一定的差距，主要体现在仿生结构、执行器参数及智能化等方面。国内机器人执行器人多依赖进口，国产驱动器的精度和时效性也是制约国内机器人发展的重要原因之一；机器人常用的液压、电驱动及气动执行器在原理上仍与真实四足动物的肌肉有很大差异，无法像真实的动物一样运动自如；机器人动态运动时，静态稳定性判据难以满足要求；机器人

图 4-12　四足机器人

普遍存在智能化和自主化程度不足的问题，依赖于操作员对其进行控制，大部分四足机器人还停留在"盲爬台阶"阶段，类似于人闭眼上台阶，很容易摔倒。

5. 性能要求

（1）本体性能。机器人的动力传动部件用固定或移动的防护装置（应与危险运动互锁）来预防电机轴、齿轮、传动带或链条等部件造成的危险；动力的损失或变化不应造成危险；重新启动电源，不应导致任何运动；末端执行器的设计和制造应使电气、液压、气动或真空动力的损失或变化都不造成危险；自主更换搭载工具应在指定地点且不应造成危险。机器人应配有满足夜间巡视和雨天巡视的照明设备和雨刷。

（2）运动性能。机器人具备自主导航定位（重复定位误差不超过±10mm），具备越障能力（越障高度不低于50mm）、涉水能力（最小涉水深度为100mm）、爬坡能力（不小于15°）。在移动过程中，通过在巡检机器人上安装防碰撞接触气垫装置、激光雷达、超声波雷达构筑三重安全保障，遇到障碍物或人员时会自动停止，人员或障碍物移走后，自动继续完成巡检任务。即使在与快速飞来的物体碰撞后，机器人也能及时停止，并进行系统安全报警，并在明显位置安装闪动警示灯，提醒人员注意。

（3）电源性能。巡检机器人采用蓄电池与充电机房供电系统相结合的方式，保证机器人电量补给功能。同时，系统配置完善的电量分配管理措施，进行预警电量设置、实时电量监控及完善自动充电控制逻辑。优化的电池能量分配，可以保证机器人随时有电进行工作。机器人可设定电池剩余电量作为应急备用电量。当机器人电量充足时，可按计划完成巡检任务，任务完成后自动返回充电，保持电池处于满电量状态。当机器人的电量达到系统设定的保护限定值时，机器人可中断任务自动返回充电；当机器人在低电量保护状态时，如果发生高优先级任务，机器人可用应急备用电量执行紧急任务。机器人机库的接地点要与变电站主接地网有效连接。电池每次充电时长不应超过5h，且充电续航能力不低于5h，在续航时间内，机器人应稳定、可靠工作。电池完全充放电循环次数不能少于500次。

（4）自检。机器人应对本身的电源、驱动、通信和检测模块等部件的工作状态进行自检，并具有工作状态、充电状态和报警状态等指示功能。在发现异常时应就地发出告警指示，并能上传告警信息。

（5）遥控操作。巡检机器人在遥控控制时应可靠工作，遥控距离满足变电站巡检最大范围要求。当变电站内有两台或两台以上巡检机器人同时工作时，其控制信号不能相互干扰。

4.1.3　核心检测器件

智能巡检机器人可以搭建不同的检测系统或装置，主要包括工业摄像机、红外热成像仪、局部放电检测仪、温湿度检测仪、噪声测试仪等，对站内设备和环境进行全方位、全天候的监控，并将实时数据传输到后台。若发现数据有异常，能够实时报警提醒，及时处理隐患。

1. 可见光检测

机器人配置可见光摄像机，通过智能视觉识别对设备外观、设备分合状态、表计指示灯、保护压板、隔离开关位置、旋钮等进行检测及有效核对，并将清晰的图像实时上传至本地监控系统。可见光摄像机最小光学变焦倍数 30 倍；对有读数的表盘及油位标记的误差小于 5%；上传视频分辨率不小于 1080P。

2. 红外检测

机器人配置热红外成像仪，准确采集站内一次设备的本体、导线和接头的实时温度，并将准确的红外图像及温度数据实时上传至本地监控系统。红外摄像头具备自动对焦功能，热成像仪分辨率不低于 320×240；红外图像应为伪彩色显示，并显示影像中温度最高点位置、温度值（测温精度应控制在 ±2℃ 或 ±2%）等热成像图数据。

3. 声音检测

应配置音频采集设备（噪声测试仪）和语音播放设备，完成噪声检测，采集设备噪声，并可与本地监控系统实现音视频实时传输，进行采集数据对比分析。台后可展示声音波形文件，根据采集的声音进行音频频谱分析，记录故障时的频谱，根据比对来逐步实现根据音频频谱来辨别故障。

4. 局部放电检测

紫外电晕检测设备通过紫外探头对变电站设备进行局部放电检测，并将采集的数据传输给机器人处理软件进行数据处理分析，实时了解电力设备的绝缘状况，并发现设备早期故障。

局部放电检测仪通过可伸缩的局部放电传感器精确采集各种现场带电开关柜由于局部放电而引起的瞬态对地电压（TEV）信号，显示开关柜内局部放电信息，并能够对故障类型进行分析，并将检测数据保存、就地显示和上传。

如图 4-13 所示，采用地电波＋超声结合的检测技术，通过分析局部放电信号幅度及图谱，可有效发现开关柜内部的局部放电情况，从而评估设备内部绝缘劣化程度，为设备的状态维修提供科学的决策依据。地电波＋超声局部放电检测仪能检测并显示测试信号幅值、脉冲数及幅值变化趋势，并用多种颜色来指示放电的严重程度。

5. 环境监测

如图 4-14 所示，巡检机器人应实时采集变电站的环境、温度、湿度、气体和风速等环境信息。可以随时对室内设备的安全状态、空气环境与温湿度进行分析，并得出结果，气体分析包括检测空气所含 O_3 气体浓度以及 SF_6 气体浓度，还可以选配有毒气体与可燃气体（CO、H_2S、CH_4）浓度大小，同时将结果反馈给主控室的工作人员，也可人工设置报警的限值，包括低温/高温报警限值、湿度报警限值、气体浓度报警限值，超过限值后立即声光报警，以防止工作人员对室内环境误判，造成生命危险。

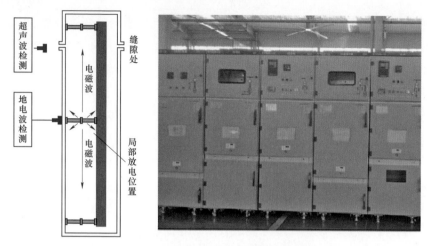

图4-13　地电波+超声波结合检测

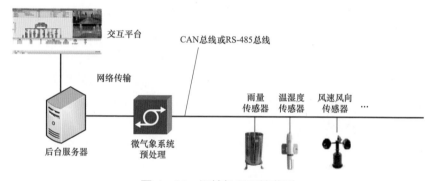

图4-14　巡检机器环境监测

另外，机器人在巡检过程中，通过红外热成像与烟雾探测器，迅速判断是否有火情，第一时间将火情信息传达至后台，联动消防系统综合判断，迅速定位着火点，进行消防扑救，在第一时间控制初期火情。

4.1.4　应用场景

变电站巡检机器人应用比较广泛，本书仅对在变电站部分的应用情况加以介绍，巡检机器人按照每日规划的巡视检测任务，定时开始巡视检测工作。可根据预先设定的巡检点的位置，沿着预定轨迹依次进行自动巡检。在巡检过程中主要完成对变电站室外高压设备开展红外热成像监测、可见光视频拍摄、仪表图像识别、声音识别等。

1. 设备外观

外观巡视如图4-15和图4-16所示。巡视要求为充油类设备无渗漏油，套管绝缘子无破损裂纹，引线接头无松动，端子箱、机构箱密封良好等。

图 4–15　电流互感器外观巡视　　　　图 4–16　断路器外观巡视

2. 状态指示

如图 4–17～图 4–19 所示，状态指示主要是指断路器、隔离开关、接地开关分合闸位置，开关储能指示，以及主变压器呼吸器受潮变色情况等。

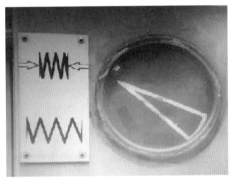

图 4–17　隔离开关分合闸状态　　　　图 4–18　断路器储能状态

图 4–19　隔离开关分合闸状态对比

3. 表计读数

如图 4-20～图 4-25 所示，表计读数主要包括避雷器泄漏电流、动作次数，充油类设备油位指示，变压器温度表读数，开关 SF_6 压力表、液压机构压力表等。实现可见光视频图像采集功能，系统可自动规划就近的巡检设备自动移动到指定位置，控制云台自由转动，拍摄机房内各种表计设备照片，并将采集到的信息经无线局域网实时传输到主控室，系统自动根据图像信息识别表计读数，并记录在数据库，当发现表计数据超过预设的报警值时，进行声光报警。

图 4-20　可见光检测在室外应用

图 4-21　可见光检测在室内应用

图 4-22 避雷器泄漏电流

图 4-23 电流互感器油位

图 4-24 主变压器油位

图 4-25 断路器 SF$_6$ 压力

4. 红外测温

如图 4-26～图 4-30 所示，指定区域进行温度检测。当被检测设备超过设定温度值时，系统能够自动报警，工作人员便可到故障地点实地查看，并采取相应措施。同时，将这些信息存储到数据库中，为之后的事故处理提供依据。

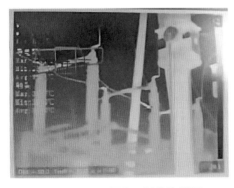

图 4-26 隔离开关发热巡视

图 4-27 导线发热巡视

图 4-28　导线及架构高清巡视

图 4-29　导线及架构发热巡视

图 4-30　高清及热成像联合巡视

5. 局部放电检测

变电站巡检机器人携带紫外电晕检测设备在某 500kV 变电站巡检半年后，数据采集量初具规模，巡检过程中，发现设备早期故障 6 次，并在后期故障发展到晚期时得到确认。变电站绝缘子串是变电站易放电设备，通过对变电站绝缘子串数据进行同类分析，在某次检测中，获得的数据如表 4-1 所示。

表 4-1　　　　　　　　　　　绝 缘 子 串 监 测 数 据

绝缘子串	光子数	绝缘子串	光子数
A 相 1-1	920	A 相 1-2	922
B 相 1-1	983	B 相 1-2	2017
C 相 1-1	950	C 相 1-2	998
A 相 1-3	973	A 相 1-4	843
B 相 1-3	964	B 相 1-4	966
C 相 1-3	468	C 相 1-4	937

通过对上述数据进行分析，大部分绝缘子串的光子数在 950 左右，其中标号为 C 相 1-3 的绝缘子串光子数较少，经手持设备多角度查看，发现放电部位处于检测点背面，从而造成获得的光子数偏少；标号为 B 相 1-2 的绝缘子串，光子数远超其他绝缘子串，遂进行故障早期预警，在跟踪一段时间后，红外热成像仪对 B 相 1-2 发出过热报警，证实了早期预警的准确性。

对表中编号为 B 相 1-2 的绝缘子串的历史数据进行分析。在 13 天时，设备光子数超过 1500，并激增超过 50%，所以初步确认紫外电晕检测仪视场角内存在有问题的设备。设备的放电强度变大，后将设备更换后发现绝缘子片存在破损，避免了绝缘子击穿带来的电力事故。

» 4.2　变电站巡检无人机 «

如图 4-31 所示，变电站巡检无人机是利用无线电遥控设备和自备的程序控制装置操纵的不载人飞机，通过搭载的检测设备完成变电站设备的巡检任务。它涉及传感器技术、通信技术、信息处理技术、智能控制技术以及航空动力推进技术等。如今无人机技术飞速发展；GPS、北斗等高精度卫星定位导航技术日益成熟；配合先进的无人机集控系统，无人机巡线工作开展得如火如荼，使得变电站巡检无人机对变电站设备自主化巡检变为可能。

图 4-31　无人机在变电站中巡检作业

4.2.1　研究背景

虽然通过人工巡检、巡检机器人、地面视频监控等智能化手段，可以提升变电站巡检工作科技含量和技术水平，减少运维值班人员的巡检工作量，对确保变电站乃至整个电网的安全稳定运行发挥了一定的作用。但由于智能机器人是地面巡视，受巡检视角度的制约，其只能解决变电站巡检的部分问题；视频监控系统也无法监控变电站高空区域设备（如套管、构架、避雷针等），存在视觉盲区，无法实现变电设备全方位监控。变电站高空区域设备如图 4-32 所示。

图 4-32　变电站高空区域设备

如何对变电站快速进行全方位、立体化的巡检，一直都是困扰电力运维人员的一大难题。高处的避雷器、进出母线等，由于视角原因，无法做到彻底巡检，巡检部位存在遗漏，尤其是北方冬季时常遭遇冰雪、严寒等极端天气，地面机器人巡检和传统人工巡检变得难度极大，这就使得一线电力运维人员无法及时获得详细准确的现场实际资料，给运维工作带来了一定困难。

无人机具有机动灵活、覆盖范围广、视角更广阔等优势，变电站巡检无人机可以利用其飞行高度较高、巡检无死角、无盲区等特点，近距离全方位监视变电站高空区域设备的状态，有效解决巡视不到位的问题，弥补常规巡视监控的不足，提升巡视的全面性，并能够及时发现变电站高空区域设备缺陷。避免了人工登高作业带来的风险和不便，提高了安全系数，降低了事故概率。以变电站巡检无人机作为机器人、高清视频的补充巡检手段，可以实现建立"天、地、空"三位一体的立体智能巡视体系，并逐渐形成电力巡检自动化、信息化管理、智能巡检全覆盖的"机巡代替人巡"的巡检新模式。

1. 国外研究情况

无人机巡检技术的研究主要集中在发达国家。这些国家依托自身先进的无人机技术，在无人机巡线领域处于领先地位，但是在变电站巡检无人机的应用方面还未见报道。相比于国内主要处于硬件的开发层面，发达国家已经关注于后续的图像、数据处理方面的研究，甚至技术更高的激光雷达巡线技术也已经应用于无人机上。

最早利用无人机直升机巡检的是英国威尔士大学和英国 EA 电力咨询公司。日本关西电力公司与千叶大学联合研制了一套架空输电线路无人直升机巡线系统，能够自动巡查雷击闪络点杆塔倾斜、铁塔塔材锈蚀、水泥杆杆身裂纹、导地线断股等主要缺陷。西班牙马德里理工大学开展基于计算机视觉技术的无人机导航系统的研究，借助 GPS 并利用图像数据处理算法和跟踪技术，实现架空输电线路无人机巡线导航，自动检测无人机相对于参照物的地理坐标和速度。澳大利亚联邦科学与工业研究组织（CSIRO）通信技术中心的研究人员致力于小型的 T21 型巡线无人直升机的研发，其在无人直升机上安装激光测距仪，可以准确测量导线下方构筑物、树木等与导线之间的距离。英国班戈大学的 Jones、Golightly 等学者研发了一款新型的架空输电线路巡检垂直起降无人机，提升了无人机抗气流干扰的能力，降低了飞行过程中的发动机噪声，该机安装能源提取装置，可以从导线上获取电力能源，作为巡线时直升机所消耗的能源。

澳大利亚电力公司与 Aibotix GmbH 公司签署战略合作协议，双方共同合作研发无人机电力巡检系统和联合开展作业服务，并在 5 条超高压输电线路上开展了常态化应用；美国 PLL 宾州电力公司在美国宾夕法尼亚州用无人机对本公司范围内的 29 个郡的输电线路进行巡检，同时 PPL 宾州电力公司还与弗吉尼亚滩的 Hazon Solutions 公司合作组成无人机巡检团队，进一步开展无人机电力作业及相关研究，PLL 宾州电力公司除采用无人机进行常规检查之外，还用无人机评估极端天气对输电线路的损坏程度；英国已经完成论证工作，计划在五个地区开展无人机电力巡线业务化应用工作；法国电力 Airtelis 公司租用法国 Delair–Tech 无人机行业服务的大型固定翼无人机开展线路巡检达到 5000km。奥地利电网公司和瑞士能源公司利用 Aibot X6 无人机，在人工操控下实现了输电线路部件高清细节图像的拍摄。从整体上看，国外无人机电力作业主要以无人机服务公司专业化提供作业为主。

2. 国内研究情况

国家电网公司电力机器人技术实验室进行过无人直升机的巡线研究，取得阶段性的成果，研究人员利用无人直升机搭载高清相机和红外热成像仪对线路进行了巡线实验。在巡线拍摄的可见光图像上，杆塔和导线上的物理缺陷都能被鉴别出来。2011 年，七一七研究所一型光电吊舱搭载直升无人机，首次成功用于黄河凌情监测，圆满完成信息收集工作。2012 年 11 月，在青海可可西里，三架无人机进行了巡线测试。

国家电网在"十二五"期间输电智能化建设的目标中明确指出，全面推广输电线路智能化巡检技术，在部分地区推广应用直升机、无人机、机器人等智能巡检技术，并使其成为一种常态化运维方式。2013年开始，国家电网组织国网冀北、山东、山西、湖北、重庆、四川、浙江、福建、辽宁和青海10家试点单位及国网通用航空有限公司和中国电力科学研究院有限公司，结合人工巡检、直升机巡检和无人机巡检各自的优缺点，开展输电线路直升机、无人机和人工协同巡检模式的试点工作。

随着技术的不断成熟，2015年7月1日，国家能源局发布DL/T 1482—2015《架空输电线路无人机巡检作业技术导则》，并于2015年12月1日正式实施。同年，国家电网发布了Q/GDW 11383—2015《架空输电线路无人机巡检系统配置导则》，促使国家电网的无人机巡检计划持续放量推广，同时也对"协同巡检"做出了明确说明。南方电网发布了《架空输电线路机巡光电吊舱技术规范（试行）》，对无人机巡检系统及光电吊舱的选配原则进行细化。

2017年7月，中华人民共和国国务院发布《新一代人工智能发展规划》，12月14日，中华人民共和国工业和信息化部印发《促进新一代人工智能产业发展三年行动计划（2018—2020年）》，将人工智能上升到国家战略高度。网联无人机与新一代人工智能技术的深度融合，推动无人机电力巡检进入智能化的新阶段。

以广东电网有限责任公司为例，2020年底已经实现了110kV及以上线路（按公里数）机巡覆盖不少于90%，机巡占比不少于60%；10kV线路机巡覆盖率不少于30%。线路巡检成本降低20%以上，基本实现"机巡为主、人巡为辅"的协同巡检目标。

无人机在输电线路中的逐步应用，带动了无人机在变电站应用的探索，在无人机避障技术实用化、基于三维GIS无人机的测控导航、典型设备的实时定位和跟踪以及无人机检验检测专用设备研制等方面取得了很多进展。同时基于载波相位差分技术（real-time kinematic，RTK）厘米级卫星定位技术的变电站巡检无人机，可以实现变电站内无人机高频次、高质量的自主巡检，还可以使用无人机巡检管控平台实现对巡检任务的管理、无人机状态的监控、巡检数据的统一管理、缺陷的图像识别与分析以及巡检成果的综合展示等。无人机巡检业务已经常规化开展作业。浙江、四川、山东等省公司已经拥有多个日常作业的无人机班组，配有无人直升机、固定翼无人机、多旋翼无人机等多款无人机，开展常规巡检、特殊巡检（抗冰防山火专项巡检、故障特巡、检修前查勘、变电站巡视）等。多类型多场景无人机巡视如图4-33所示。

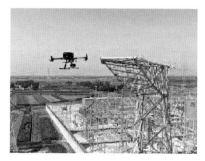

图 4-33　多类型多场景无人机巡视示意

随着新一代信息技术在无人机电力巡检中的逐渐应用，电力巡检无人机将更加智能化。无人机与 5G 通信紧密结合，逐步实现 5G 网联无人机由网联化、实时化向智能化发展；应用无人机智能控制等系列技术，同时部署网络化"固定/移动"无人机智慧机场，将实现全天候、无人自主智能化巡检；引入人工智能技术，不断优化模型，实现巡检数据快速、准确的智能化分析；物联网、大数据、云计算深度融合，多维数据全融合、状态监测全覆盖、数据流和业务流的集成耦合，实现设备状态评价及趋势预测智能化。

4.2.2　无人机智能巡检系统

无人机智能巡检系统主要由无人机、机场配套系统和管控平台构成，系统采用"云—边—端"的应用架构体系。

云：管控平台按需制定并下发无人机巡检任务，对机场后台上传的数据进行缺陷识别和管理，可以实时查看无人机现场的图像，并根据需求导出巡检报告。

边：主要包括机场本体、微气象系统、升降系统、空调系统和充电系统等。机场本体用于存放无人机、安装系统的机械和电气控制设备；微气象系统用于检测巡检区域的气象数据；升降系统搭载无人机升降实现无人机的放飞和回收；空调系统保证机场系统在户外严苛条件下的正常运行；作为机场系统的大脑，主要用于控制、检测系统的稳定运行，存储、转发无人机的采集数据，并为无人机下发巡检任务等。

端：无人机作为执行任务的"端"，根据业务需求支持搭载多种类型负载，包括变焦可见光相机、热成像仪等，自动完成对设备区的大范围、快速、精细化巡检，在执行完任务后基于定位技术及视觉导航实现降落回收。

1. 无人机本体

无人机（UAV）是利用无线电遥控设备和自备的程序控制装置操控的无人驾驶航空器的简称。为保证无人机在空中飞行稳定，可以适应不同的工况，其

图 4-34　巡检无人机

外形设计需要合理；具备足够的载荷能力，以保证能够搭载信息采集系统和不同的任务设备；为完成特定的工作任务，应具备远程无线图传和定位功能等。相同的动力系统下，飞行器的重量直接决定了飞行时间。因此，高强度、低密度的材料应用比重将直接决定飞行器的续航能力。碳纤、玻纤等新材料广泛应用于飞行器设计。巡检无人机如图 4-34 所示。

电力巡检无人机机型配置情况如下。

小型可见光巡检无人机（轴距小于等于 400mm）：御 Mavic Pro、精灵 4 Pro 等。

中型可见光/红外巡检无人机（轴距小于等于 700mm）：悟 2（不支持热成像）、经纬 M200 系列等。

大型特种作业无人机（轴距大于等于 1000mm）：经纬 M600 Pro、大疆 M300 RTK 等。

（1）测控能力。在测控能力方面，基于遥控器获取 RTK 定位信号的无人机，受环境影响严重。通视条件下，数传距离可达 4～5km；存在遮挡时，数传距离急剧下降，可降至 1～1.5km，严重限制了巡检作业半径。机载 4G 通信模块无人机，摆脱了遥控器—飞机的数传 RTK 定位链路，有 4G 信号覆盖的地方即可作业。

（2）控制站（GCS）。控制站是无人机本体系统的重要组成部分，为无人机操控人员提供人机接口和工作环境等。主要负责无人机的航线规划、起飞与降落、任务执行与管理、信息采集、控制计算和紧急情况处理等。

机器人运动空间只能是二维平面模式，而应用无人机将是三维立体模式。无人机地面基站系统可建立变电站电子地图，对变电站的所有设备巡视点位及飞行空间建立一个数据库，无人机在运行过程中，与数据库实时通信，采用高精度导航定位技术、视觉导航定位功能进行导航。无人机技术动态定位精度最

高可达厘米级，理论上可精确地得到变电站内任意位置的坐标。应用无人机地面基站控制，可设定无人机的巡视策略，具体包括巡视周期和一天之中具体的巡视时间，以及设定无人机自主航行的路线。

（3）通信系统。通信系统起到连接无人机和控制站的桥梁作用，实现两者之间控制信息、任务载荷信息、无人机状态信息、图像视频等数据信息的传输。

2. 定位

随着技术发展，无人机对变电站电气设备进行全自主巡检规划航迹，控制无人机全天时全天候一键起降、自主飞巡，将成为一种行之有效的巡检方式。无人机采用的是基于载波相位观测值的实时动态定位（RTK）定位技术，是一种新的常用的卫星定位测量方法。它能够实时地提供被测站点在指定坐标系中的三维定位结果，并达到厘米级精度。

（1）建模。在巡检开始前，首先对变电站进行三维建模，得到变电站不大于 1∶1000 比例尺的高精度三维模型，使得规划的航迹展示在三维模型上，得以准确判断出航迹的合理性和安全性，保证规划航迹的绝对安全。变电站巡检采用高性能无人机，无人机具备 GPS 和北斗双重定位模式，支持 RTK 厘米级定位，同时无人机具备五向避障功能，能够保障飞行安全。RTK 能为无人机提高定位精度，降低飞行误差。使用 RTK 技术时，航线将是一个 0～10cm 宽度的区域，基本等于是直线飞行，弯曲的幅度很小，因此效果将更均匀可控。

（2）定向。巡检的高性能无人机采用双 GPS 天线定向技术，当遇到变电站强电磁环境干扰时，飞控系统采用双天线定向技术，使得无人机在磁罗盘受磁场干扰的情况下依然拥有精确的航向信息，从而保障飞行安全。

（3）巡检。智能巡检方案采用先进的无人机集控技术，依托变电站三维模型，实现对变电站巡检航迹的科学规划，将变电站按功能分区，按高层、中层、低层分层，保证巡检航迹可灵活配置，结合巡检管控平台可以实现巡检成果与巡检部位的一一对应，方便运维人员查看巡检成果。

选用多旋翼无人机进行"井"字飞行的方式，配合云台控制相机在垂直 90°和 45°倾斜状态变化拍照，采集变电站全部影像。同时运用倾斜摄影技术获取的影像数据，通过合理布设地面像片控制点，将影像数据、地面像片控制点数据导入自动建模软件系统进行批处理，人工只需参与质量控制和三维模型编辑修饰工作，对模型明显的拉伸变形、纹理漏洞和贴图模糊进行处理。

3. 机巢

在无人机技术在变电站巡检的推广应用中发现，无人机自主巡检工作仍需人员携带无人机设备到现场开展巡检工作，人工成本较高、巡检作业的实时响应性不足，整体的巡检作业效率不高。可以通过给无人机配置相适应的机场及管控系统，即可在工区实现机巢的远程控制，减少了人员到达现场的时间，实现了无人化、实时的精细化巡检，整体巡检作业质效得到提升。

机巢是无人机远程精准起降平台，是无人机稳固的"家"，能够抵抗强风和暴雨等恶劣天气，机巢与无人机本体通信，实现自动储存无人机、智能自动充电、状态实时监控、自动传输数据。根据不同场景的应用需求，多样性布置机巢，如图4-35和图4-36所示。

图4-35　固定型机巢

(a) 小型飞行系统　　　　(b) 中型飞行系统　　　　(c) 便携式飞行系统

图4-36　移动型机巢类型

无人机与机巢按需进行配备，可采用"一库一机"或"一库多机"配置方式。独立的环境监测系统自动判断适飞条件，进行引导控制各无人机独立执行巡视任务。无人机机巢全天候恒温恒湿，具备精准降落引导系统、自动充电或基于机械手臂的电池更换系统。

机巢应选择周围比较空旷、没有遮挡物、没有强电磁干扰的位置（根据现场情况布置），并结合变电站布局与设备位置，规划航线、设定巡视点位与安全距离，制定安全飞行策略和巡视路线，优先选择适合无人机安全飞行的巡视点位进行部署。机巢部署点应具备网络及对应网络RTK服务器的接入条件。非紧急情况下，禁止手动获取无人机本体及云台的操控权。机巢监控界面如图4-37所示。

图 4-37　机巢监控界面

机巢系统应配备后台管控系统，统筹管理输变配巡检台账，根据各专业作业要求、巡检对象、巡检频次，制定巡检任务，实现各专业的联合、协同巡检，最大化机场巡检效能。机场后台具备实时监控功能，可在线查看巡检进度、巡检视频（可见光＋红外）、巡检状态等内容。

4. 飞控辅助

无人机巡检飞控辅助系统主要包括了云台设计、姿态采集、数据分析及系统控制 4 个部分，涉及"飞行控制"和"巡视作业"两个阶段。

无人机从地面飞行到巡视目标、实行巡视作业以及完成巡视任务后返回地面的控制过程，属于"飞行控制"；无人机在实施巡视作业时，对巡视目标进行拍照、摄像的过程，称为"巡视作业"。

（1）云台设计。云台设计主要是为了给姿态控制子系统和图像采集子系统提供必要的支撑平台，以便实现减震与稳定，增加其他子系统的工作寿命，并提高可见光、红（紫）外光拍摄的图像质量。

（2）姿态采集。姿态采集主要是指为了实现无人机自主飞行和遇险避让，无人机所具备的飞行姿态、飞行速度、飞行航向等参数信息的采集。

（3）数据分析。由于采集到的数据夹杂着大量的噪声和无用信息，无法直接用于姿态的调整，需要进一步地处理，这一过程就是数据分析。

（4）系统控制。系统控制是为了完成以上功能，整个系统对各个子系统的时钟、数据等信息进行控制，以实现整体的稳定。无人机飞控系统的控制信号通过无线网络与地面无人机操控端进行通信，而巡视人员在地面通过无人机操控端查看无人机飞行的实时数据。

5. 性能要求

变电站设备多，层层叠叠，分布密集，站内的电磁环境也很复杂。要利用无人机实现立体巡检，则要求无人机具备如下关键能力。

（1）本体。变电站设备间距大小不等，巡检的点位分布也没有明显的规律，要既能够保持安全距离，同时又能在设备间穿行，飞行器的体积必须要尽可能小；飞行器是电子产品，其稳定性和可靠性无法做到 100%，把飞行器的重量尽可能降低，就能降低其失效对于主设备的影响。

部分变电站为反恐怖防范一类重要目标，一般部署有低空防御系统。选择巡检无人机时，应能与本站的低空防御系统相适应。能通过该系统识别无人机的类别、型号、使用频率等。

（2）续航。在续航能力方面，经实测主流无人机续航在 17～35min。由于变电站巡视点位多，无人机要能够真正发挥作用，就要尽可能提升其单次作业的覆盖能力，尽可能提升其续航时间。

（3）导航避障。变电站电磁环境复杂，无人机使用的磁传感器或者 GPS 信号都比较容易受到干扰。在 GPS 信号受到干扰后，惯性导航精度直接决定飞机偏航的大小。无人机应具备全向感知避障功能和厘米级导航定位系统。电力巡检的多旋翼无人机应具备基于超声波探测的避障、基于激光雷达的避障和基于可见光/视觉算法的探测避障技术。

（4）动力系统。变电站飞行安全距离小，突发的侧风可能导致飞机偏航，这就要求飞机在动力系统设计上要保持大的推重比，确保飞机的抗风能力。

（5）环境因素。在进行无人机巡检的过程中要充分考虑环境因素对无人机飞行安全的影响。雨雪、气流、障碍物、电磁干扰等因素影响无人机的飞行安全。尤其是异常气象（暴雨、台风等恶劣天气）严重影响无人机的稳定性、续航时间、相对地面的运动轨迹、速度和航向。需要在不超出无人机抗风等级的情况下进行飞行；不在电量不多时飞到下风向较远距离；不在高楼间穿梭飞行（高楼间风向混乱）；高空与低空风力风速有差异，高空飞行时注意观察无人机状态。

环境温度也对无人机有一定的影响，主要是改变锂电池的充放电性能。低温情况下续航时间降低、飞行动力减弱，应避免在低温下飞行。若必须起飞，起飞前需悬停，对电池进行预热。高温时易使无人机和云台的电机、电池长期处于较高温度影响使用寿命，需注意降温。北方集中供暖区域，在室外温度较低时，直接将无人机由室外带至有暖气的室内，将导致无人机内部水汽凝结，有可能对内部造成损害。

6. 5G 网联无人机

移动通信技术是提升无人机视频实时传输、飞行状态监控、高精度定位和远程操控的关键。5G 作为新一代移动通信技术，其在带宽、时延、连接密度、网络性能等方面跃升，无人机与 5G 通信技术的紧密结合，将为无人机电力行业应用带来革命性转变。

（1）智能化和自主化。5G 网联无人机终端和地面控制终端均通过 5G 网络进行数据传输和控制指令传输，并通过业务服务器加载各类场景的应用。5G 通信技术具有覆盖面积广、时延性低、超高带宽、大连接等特性，可满足无人机自动驾驶的需求和避障技术的升级，可以实时超高清图传、状态监控、超远程低时延控制、通信信号长期稳定在线、高精度定位、安全网络、自主避障及集群控制等重要功能，与网络切片、边缘计算能力结合。

无人机联入低空蜂窝移动通信网络，实现无人机互联互通、超视距控制、多机协同飞行、数据准实时回传等；实现无人机、地面站、调度管理系统之间的实时联通，实现无人机状态的实时监控、实时定位、远程调度与控制。基于 5G 基站大规模的天线阵列及单站或者多站协同定位的方式，有效提高无人机的定位精度，保障超视距无人机作业安全；借助 5G 网络大带宽传输能力、端到端毫秒级时延及高可靠性传输等特性，打破现有无人机点对点通信技术、数传和图传的距离瓶颈，可实时回传现场拍摄的高清图像/视频，远程共享无人机拍摄场景，全面掌控作业现场状况；超远程低时延控制无人机飞行路线，开展集群协同作业，实现地面站与管理中心进行内外场协同作业，打通巡检现场和作业后方管理人员的信息壁垒。

通过无人机系统在线环境感知和信息处理，全方位感知作业环境并规避障碍物，实时智能避障和自主航线规划，按照巡检任务要求，自主决策并生成优化的巡检路线和控制策略，实现开放、动态、复杂输变配工况环境下无人机电力巡检的智能化和多机协同巡检的智能化。

（2）智慧机场。基于"固定平台"和"移动平台"的一体化无人机智慧机场，突破现有无人机续航能力限制，形成无人机持续作业能力。无人机智慧机场是保障无人机持续自主运行的基础设施，为无人机提供起降场地、存放、充电、数据传输等条件。无人机智慧机库可为无人机创造全天候恒温湿的存放空间，具有精准降落引导系统、抓取机构和自主充电/自动电池更换系统，保障无人机的续航能力。具有独立的环境监测系统，自动判断试飞条件，可支持太阳能供电、外接电源等多种供电模式，可兼容多种无人机机型。

4.2.3 核心检测部件

根据巡视需求配备轴距不同的无人机，通过精准导航定位技术、固化巡检作业路径、规范拍摄方法、深化巡检影像智能处理技术，携带的可见光摄像仪、红外热成像仪和紫外线成像检测装置等设备可遥控拍摄，对设备、导地线、金具、绝缘子及架构锈蚀和污秽等情况进行监测，全方位获取图像资料，代替人工攀爬巡检，将风险降到最低。无人机在适飞条件下自动起飞，按既定的航线完成巡检任务，将采集的图片、信息、指令等数据进行加密后传输，解密来自巡视主机加密后的信息及控制指令。巡视主机实现机巢和无人机的远程控制，通过无人机监控微应用，协同管理、调度无人机机巢，根据巡视计划，执行巡视任务。变电站巡检无人搭载设备如图 4-38 所示。

图 4-38　变电站巡检无人搭载设备示意图

1. 可见光

利用可见光摄像仪检查设备外观有无松脱、漏油、锈蚀、破损、异物等情况，查看断路器和隔离开关的位置是否正确，同时观测表计读数、油位计位置。

2. 红外热成像

基于红外热成像仪对站内设备的热缺陷进行检测。检测内容涉及电流致热型、电压致热型设备的本体和接头的红外测温。通过温度异常变化对比值，发现隐蔽性较强的故障点，结合可见光和红外热成像巡检，将会大幅提高故障点检测的准确性。

3. 紫外线检测

无人机搭载紫外线成像检测装置对全站一次设备绝缘部位表面开展紫外线

检测，一体化云台数据传输与通信。根据绝缘部位表面局部电晕放电光子数及放电量与仪器增益、电压等级、测量距离变化的关系，建立设备带电部位运行工况下电晕放电特征图谱和分析方法，实现了设备局部放电缺陷的诊断。

4.2.4 应用场景

无人机飞手通过手动控制、打点定位、智能跟踪、自动飞行等方式，可以对变电站室外构架设备、室外母线、排母线夹、T 接线夹、悬垂挂点、断路器、隔离开关、避雷器、支持绝缘子等进行全方位的巡视，在机身搭载的可见光及红外云台共同配合下，设备线夹发热情况一览无遗。无人机在变电站巡检中的应用场景如图 4–39～图 4–60 所示。

图 4–39 无人机在变电站巡检中的应用

图 4–40 夜间隔离开关状态巡检

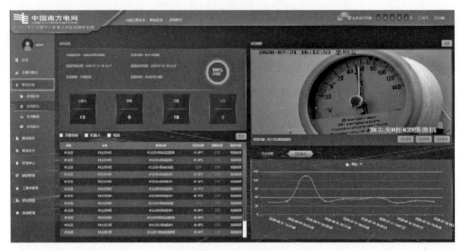

图 4-41　表计识别

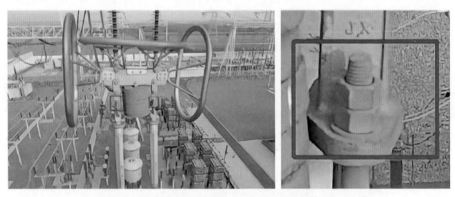

图 4-42　绝缘子导线端 U 形螺栓销钉缺失

图 4-43　高空巡视主变压器全景图

(a) 低压侧套管　　　　　　　　　　　(b) 套管上端金具及接头

(c) 本体绝缘子

图 4-44　主变压器低压侧套管上端金具、接头、本体绝缘子

(a) 高压侧套管　　　　　　　　　　　(b) 套管上端金具及接头

(c) 本体绝缘子

图 4-45　主变压器高压侧套管上端金具、接头、本体绝缘子

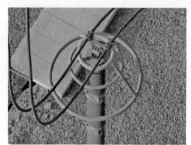

(a) 避雷器　　　　　　　　　　　　　　(b) 金具与接头

(c) 本体绝缘子

图 4-46　避雷器上端金具、接头、本体绝缘子

(a) 电流互感器　　　　　　　　　　　　(b) 金具与接头

(c) 本体绝缘子

图 4-47　电流互感器上端金具、接头、本体绝缘子

(a)　电压互感器

(b)　金具与接头

(c)　本体绝缘子

图 4-48　电压互感器上端金具、接头、本体绝缘子

(a)　GIS 套管

(b)　金具与接头

(c)　本体绝缘子

图 4-49　GIS 套管上端金具、接头、本体绝缘子

(a) 绝缘子串

(b) 导线端挂点

(c) 横担端挂点

图 4-50 绝缘子串、导线端挂点、横担端挂点

(a) 构支架

(b) 构支架连接点

(c) 构支架横担端

图 4-51 构支架、构支架连接点、构支架横担端（锈蚀）

(a) 避雷针   (b) 避雷针法兰

(c) 避雷针接闪器

图 4-52 避雷针、法兰、避雷针接闪器（表面锈蚀、损坏）

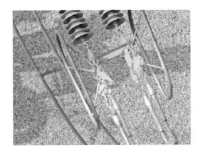

图 4-53 线夹巡视

图 4-54 导地线脱股

图 4-55　绝缘脱落

图 4-56　直角板有间隙

图 4-57　红外测温异常

（a）红外测温

（b）高清视频

图 4-58　主变压器相间温度异常

图 4-59　绝缘子断裂隐患

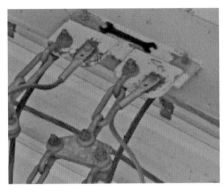 

(a) 工作遗留物   (b) 鸟类遗骸残留

图 4-60 工作遗留物及鸟类遗骸残留

» 4.3 主设备在线监测 «

变电站主设备主要包括主变压器、高压开关设备〔断路器、隔离开关、组合电器（GIS）等〕、互感器、电抗器、补偿电容器、避雷器以及高压开关柜等。主设备在线监测装置通过应用新型传感技术、电子技术及计算机技术，对主设备的运行状态进行连续监测，使业务部门及时掌握主设备状态，为设备运检决策提供辅助。变电站主设备在线监测系统架构如图 4-61 所示。

4.3.1 研究背景

变电主设备作为电力系统发电、输电和配电的重要组成部分，其运行状况直接影响电力系统的安全可靠性。变电主设备在实际运行过程中会受到过负荷、过电压、内部绝缘老化、自然环境异常等事件的影响，可能会产生缺陷或故障，导致电网瘫痪，造成巨大损失。如何提高变压器故障诊断准确性，及时发现潜在缺陷或故障，一直是电网智能运检领域的研究热点。

随着电网建设规模不断扩大，变电主设备数量激增，变电站分布地域广泛，巡视和维护难度大大增加。传统以定期巡检为主要手段的设备维护管理模式已不能满足电网快速发展的需要，变电主设备在线监测系统作为提升变电生产运行管理精益化水平的重要手段，实现了重要变电设备状态和关键运行环境的实时监测、预警、分析、诊断、评估和预测等功能，并集中向其他系统提供标准化状态监测数据，为变电主设备电气设备状态维修和状态监测提供技术支撑，对提升电网智能化水平具有积极而深远的意义。

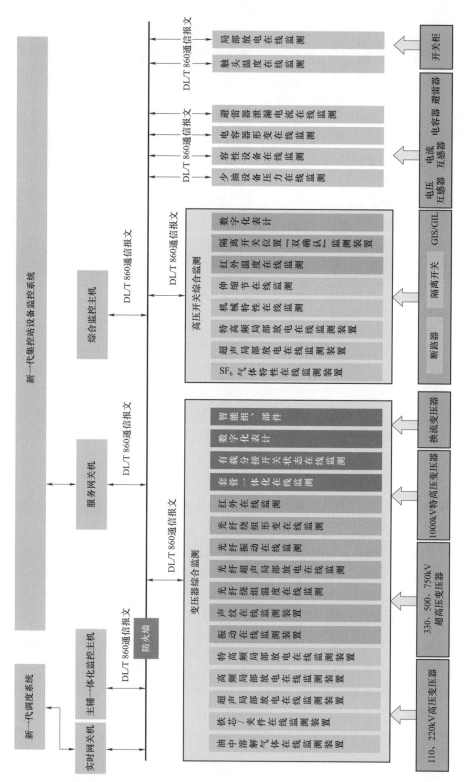

图 4-61 主设备在线监测框架图

1. 国外研究情况

从 20 世纪 60 年代初，随着变电主设备生产工艺不断进步，设备可靠性不断提高，电力测试设备逐渐小型化、智能化，美国开始了变电主设备在线监测技术的研究和应用。德国、日本等发达国家紧随其后，开展在线监测产品研发。20 世纪 80 年代，西方发达国家正式提出设备状态监测检修理论，其应用效果良好。20 世纪 90 年代，随着计算机技术、传感器技术和网络通信技术的飞速发展，美国、日本等国家在变电站设备状态监测方面处于领先地位。国外研发在线监测的公司很多，市场占有率比较高的主要有美国、加拿大、日本的一些公司，其中美国 Megger 有限公司是最大的生产高压电气监测设备的企业，其公司研发的 SOS 变电站在线监测系统主要监测电气设备的绝缘、电气设备局部放电、断路器动作特性、变压器溶解气体分析等，该在线监测系统将采集到的数据传送到在后台的监控主机，再由此监控主机通过计算机网络将数据传输给远程监控中心。此外，ABB 集团、西门子股份公司（SIEMENS AG）、通用电气公司（GE）等国外知名公司，也投巨资研发、推广变电主设备在线监测系统。

2. 国内研究情况

变电主设备的监测技术在国内的迅速发展始于 20 世纪 80 年代，首先研发的是具有电容监测功能的装置，主要监测电容值、介质损耗、三相不平衡电流。随后，全国各电力研究院研发出设备局部放电监测装置。通过局部放电监测发现设备故障时，油中溶解的气体成分和含量却不相同，西安交通大学、重庆大学根据气体成分和含量研究故障诊断系统，但国内在线监测技术明显滞后于国外先进技术。进入 90 年代后，国内众多科研机构开始着力于在线监测与诊断技术的研究，在线监测设备的开发速度较快，大量产品被应用于电力系统，对及时发现电气设备隐患及缺陷发挥了重要作用。

进入 21 世纪，IEC 61850《电力自动化的通信网络和系统》系列标准在国内开始得到推广和应用，IEC 61850《电力自动化的通信网络和系统》系列标准为通信协议的数字化变电站投产运行。数字化变电主设备通过在常规的一次设备上加装智能模块，实现过程层和间隔层信息交换的功能。随着新技术应用及设备发展，对通信设备接口和通信协议进行统一，促进了智能变电站在线监测系统的发展，通过在变电主设备配备在线监测装置和相应传感器，实时监控设备运行状况，此时变电站综合自动化系统与设备状态监测系统实现了初步融合。但该阶段的变电主设备在线监测普遍存在以下问题：一台变压器、GIS 等设备有多种监测装置，各监测装置兼容性差，监测信息各自孤立，未得到全面综合的利用。

近年来，随着云计算、物联网、人工智能、大数据等新一代信息技术和先进传感技术的快速发展，电力设备在线状态智能化和精确化检测水平大大提升，对电力设备进行预防式、主动式的预先检测正逐渐成为主流，融合"声、光、化、热"等多种特征信息的变电主设备综合在线监测技术应运而生。

4.3.2 系统结构

4.3.2.1 变压器在线监测

变压器在线监测主要包括油中溶解气体、铁芯接地电流、局部放电、声纹、振动、绕温等本体状态在线监测，套管、有载分接开关等组部件状态在线监测，数字油温计、油位计、气体继电器等数字化表计，以及智能风冷控制柜、智能呼吸器等智能组（部）件。为了更加准确地获取变压器状态信息，对分立的在线监测系统进行融合，形成应用人工智能、边缘计算等先进技术融合多类状态数据进行状态分析诊断的变压器综合监测系统，如图 4-62 所示。

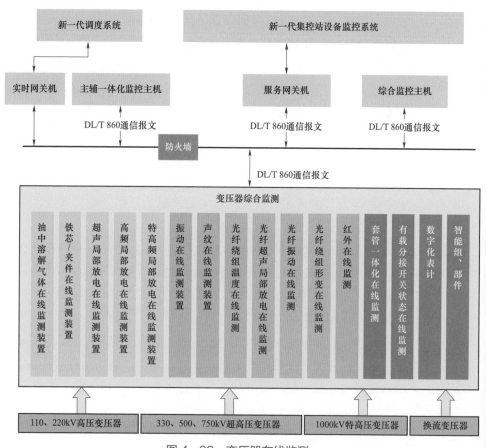

图 4-62 变压器在线监测

1. 油中溶解气体在线监测

（1）气相色谱在线监测装置。利用气相色谱在线监测装置进行变压器油中溶解气体分析的过程主要分为三步：首先，在线监测系统通过油循环系统把变压器中的标油样取出，将其送进真空脱气系统中进行油气分离，脱出来的气体再送入六通阀的定量管中。随后，使用高纯的氮气把定量管里的气体推入色谱柱，色谱柱将各种气体按时分顺序进行分离。然后，对这些气体进行检测，并通过 A/D 转换将检测信号送往数字信号处理（digital signal processing，DSP）中进行数据处理。最后通过通信系统将所得数据上传到分析诊断系统进行分析和诊断，实现对变压器油中气体含量的在线监测。气相色谱在线监测系统结构如图 4-63 所示。

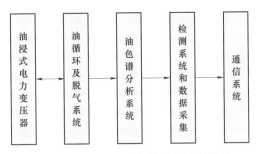

图 4-63　气相色谱在线监测系统结构

（2）光声光谱在线监测装置。光声光谱技术是基于光声效应，通过直接测量物质因吸收光能而产生的热能的一种光谱量热技术。光声光谱在线监测装置如图 4-64 所示。

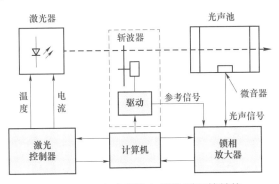

图 4-64　光声光谱在线监测系统结构

激光器发出能被气体分子吸收的特定波长红外辐射，经斩波器调制成一定频率的断续光束后，沿光声池的纵向轴线射入其中，此时，气体受到周期光束的激励而产生光声效应；由微音器检测到的正弦波信号与斩波器输出的方波信号分别作为待检信号和参考信号送入锁相放大器，经过相关检测，提取出光声信号的强度值，送入计算机进行后续处理。

（3）红外光谱在线监测装置。红外光谱油气传感器分为光路部分、电路部分和软件部分。其中，光路部分包括红外光源、气室、红外探测器，用于实现光源信号的测量；电路部分包括温度传感器、滤波放大电路、主控芯片、存储芯片、A/D 芯片等，实现了红外光源的驱动、信号的滤波放大；软件部分实现红外探测器信号处理、温度补偿、数据的输出及存储。系统结构如图 4−65 所示。

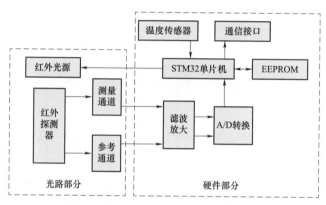

图 4−65　红外光谱油气传感器结构

红外光源受到微控制器的控制，发出一定频率、幅度和占空比的红外光。红外光透过含有油气的气室，经过衰减后到达气室末端的红外探测器。红外探测器为双通道探测器，一个窗口置有允许 3.37μm 的光谱通过的滤光片，作为测量通道；另一个窗口前端置有允许 3.95μm 的光谱通过的滤光片，作为参考通道；测量通道和参考通道探测到的光强信号经过探测器转换为电信号。滤波放大电路对电信号进行滤波和放大处理，电信号经过 A/D 转换后由微控制器采集，微控制器同时采集温度数据。经过数字滤波、温度补偿等数据处理后，计算出油气浓度，通过 RS-485 将油气浓度值输出。

2. 铁芯/夹件接地电流在线监测

铁芯/夹件接地电流在线监测装置从功能上划分，主要包括传感器模块、电源模块、通信模块、采集处理模块、人机交互界面、接口端子等部分。在变电站设备信息采集系统中，铁芯/夹件接地电流在线监测装置通过光纤接口，采用多媒体信息服务（multimedia message service，MMS）通信协议将变压器铁芯/夹件接地电流信号及告警信号上传至变电站辅助设备集中监控系统，或通过无线通信上传至接入/汇聚节点，按需上传至数据中台。铁芯/夹件接地电流在线监测装置架构如图 4-66 所示。

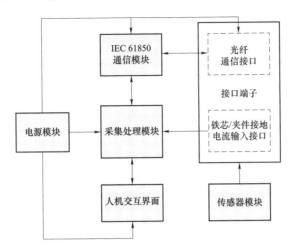

图 4-66 铁芯/夹件接地电流在线监测装置结构

3. 局部放电在线监测

（1）特高频局部放电在线监测装置。特高频局部放电检测装置一般由特高频传感器、信号放大器、检测仪主机及分析诊断单元组成，其结构框图如图 4-67 所示。特高频传感器负责接收电磁波信号，并将其转变为电压信号，再经过信号调理与放大，由检测仪主机完成信号的 A/D 转换、采集及数据处理工作。然后将预处理过的数据经过网线或 USB 数据线传送至分析诊断单元，一般为笔记本电脑。电脑上的分析诊断软件将数据进行脉冲序列相位分布（phase resolved pulse sequence，PRPS）、局部放电相位分析（phase resolved partial discharge，PRPD）的谱图实时显示，并可根据设定条件进行存储，同时可利用谱图库对存储的数字信号进行分析诊断，给出局部放电缺陷类型诊断结果。另外，应用高速法波器还可以实现局部放电源定位的功能。

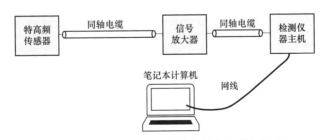

图 4-67 特高频局部放电在线监测装置结构

（2）超声局部放电在线监测装置。超声波局部放电在线监测装置一般可分为硬件系统和软件系统两大部分。硬件系统用于检测超声波信号，软件系统对所测得的数据进行分析和特征提取，并做出诊断。硬件系统通常包括超声波传感器、信号处理与数据采集系统，如图 4-68 所示。软件系统包括人机交互界面与数据分析处理模块等。

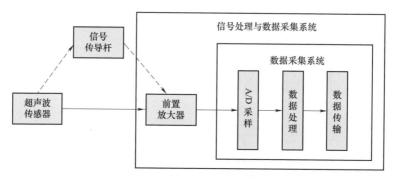

图 4-68 超声局部放电在线监测装置结构

（3）高频局部放电在线监测装置。常用的高频局部放电检测装置包括传感器、信号处理单元、信号采集单元和数据处理终端。高频局部放电在线监测装置结构如图 4-69 所示。

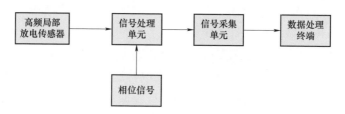

图 4-69 高频局部放电在线监测装置结构

特高频局部放电在线监测装置具有测量频率高、检测频带宽、抗干扰性强、灵敏度高等优点。对变压器局部放电在线监测主要是采用特高频法。相对于其他两种监测技术，它抗干扰能力强，可以对局部放电源进行定位，可以识别不同的绝缘缺陷，灵敏度高，并能对变压器局部放电进行长期的在线监测。

变压器超声局部放电在线监测装置在现场应用时往往需要借助大量检测探头贴于变压器油箱箱壁上，通过四面多个超声探头的监测信号进行实时分析和判断。但对于带缺陷运行的变压器在线监测而言，为保证现场工作人员的安全，需尽可能简洁、快速地发现问题所在。因此，实现简化的探头布置方案及精准的局部放电定位分析间的平衡，是超声局部放电在线监测装置现场应用追求的目标。

高频局部放电在线监测装置可获取变压器的局部放电 PRPD 图谱，该图谱可进行局部放电缺陷分析，但现场往往存在较大干扰信号，对检测结果可能造成误判影响。此外，基于变压器结构的复杂性，高频局部放电信号由内及外的传播规律较为复杂，同时基准电压相位信号难以准确测取，变压器高频局部放电检测在缺陷定位上的应用仍较为困难。

4. 声纹振动在线监测

声纹振动在线监测主要应用于变电主设备本体和变压器有载分接开关的声学指纹和振动信号的实时监测。

（1）变压器本体声纹振动在线监测装置。变压器本体声纹振动在线监测装置用声纹传感器采集变压器的声学指纹信号，声纹传感器是将声纹信号转换为相应电信号的声换能器。根据换能原理或元件不同，有电容（静电、驻极体）、电磁、电动（动圈）、压电（晶体、陶瓷）、电子、半导体等不同类型。采用振动加速度传感器采集油箱壁上的振动信号，振动加速度传感器一般为压电式加速度传感器（IEPE），利用压电晶体的压电效应将采集的油箱振动加速度信号转换为电荷信号，通过集成在 IEPE 内部的电子电路进一步转换为电压信号。信号采集系统负责将传感器采集的信号进行数据处理、分析，并通过无线或者有线的方式将分析结果传输至故障诊断系统进行变压器本体状态判断。变压器本体声纹振动在线监测装置包括传感单元（麦克风阵列、振动加速度传感器）、信号处理单元和分析诊断单元。变压器本体声纹振动在线监测装置结构如图 4-70 所示。

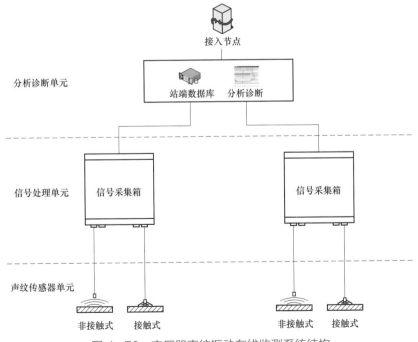

图 4-70　变压器声纹振动在线监测系统结构

（2）有载分接开关振动在线监测装置。有载分接开关振动在线监测装置由振动加速度传感器、电流钳、在线监测装置和综合诊断系统四部分组成，振动加速度传感器采集有载分接开关机械振动信号，电流钳采集有载分接开关驱动电机电流信号，并将有载分接开关状态信息传输至在线监测装置，装置具备三个振动信号检测通道和一个电流检测通道，实现四通道同时并行采集。在线装置通过网线输出至综合诊断系统，综合诊断系统通过调用故障诊断算法实现有载分接开关机械振动信号故障判断，系统结构如图 4-71 所示。

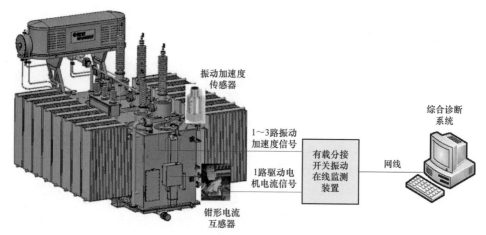

图 4-71 有载分接开关振动在线监测系统结构

（3）应用情况。变压器本体声纹振动在线监测装置采用振动声学法检测绕组及铁芯状态，不影响电力变压器正常运行，且与设备无电气连接，具有安装方便、安全、可靠等优点。为了进一步提高系统故障诊断的准确性，后续需不断丰富各型号变压器声学指纹样本数据库。

有载分接开关在线监测装置通过监测开关振动信号与电机电流信号，可对开关传动机构故障、内部机械故障等异常状态进行有效检测及准确识别，应用比较广泛。但是有载分接开关型号繁多，尤其是换流变有载分接开关机械结构更为复杂，故障类型更加多样化，且故障机理各异，需要进一步积累数据、充实检测手段及形成多种研判方法，提高故障识别准确性。

5. 光纤感知原理在线监测

自 20 世纪 70 年代中期以来，光纤传感技术因其多物理敏感、本质绝缘、耐高温、耐高压、防腐蚀、抗电磁干扰、体积小、灵敏度高等优点，已逐渐广泛应用于电力、航天、桥梁等领域，感知参数已由最开始的温度、应力逐渐发展到电压、电流、振动、气体含量、声压等诸多参数综合监测，特别适用于变压器内部高电压、大电流、强磁场环境，为电力变压器状态监测提供了一条新的路径，国内外众多专家学者针对光纤传感技术在变压器状态监测方面的应用研究已开展了诸多的探索与实践。

（1）光纤温度在线监测技术。根据测温方式和传感原理的不同，变压器主流的光纤温度在线监测技术主要分为三种：点式光纤测温、分布式光纤测温、光纤光栅测温。

1）点式光纤测温。所谓点式光纤测温，是指一根光纤的端部配套一个传感器探头，用于测量物体某个具体位置的温度。点式光纤测温技术是变压器温度测量中应用最为广泛的一种光纤测温技术，该技术可分为荧光光纤测温和半导体吸收式光纤测温。

荧光光纤温度传感系统。一个典型的荧光光纤温度传感系统如图 4-72 所示，主要包括光源及解调单元，滤光、反射、透射光学系统，光路耦合及光纤传输系统，温度传感器，信号探测、数据处理系统，中央处理单元，温度数字显示系统，以及贯通器等部分。荧光光纤温度传感器是该系统中的感温部分，也是唯一安装在变压器内部的部件。贯通器被安装在变压器壁上，用于连接内部荧光光纤温度传感器和外部光纤跳线，起到光学联通以及隔油密封的作用，能够承受的压力约 7MPa。解调单元用来解调荧光光纤温度传感器传送出来的光学信号，解析出温度。温度信号再通过 RS-485 总线方式输出至温度数字显示系统，实时读出、保存、分析温度数据。

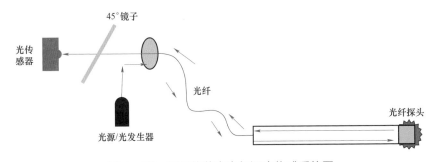

图 4-72　典型的荧光光纤温度传感系统图

半导体吸收式光纤测温系统。半导体吸收式光纤测温系统主要由光源、调制器、传输光纤及光探测器等部分组成，其基本原理是首先将光源的光经光纤送入调制器，在调制器内，外界被测参数与进入调制器的光相互作用，使其光学性质（如光的强度、波长、频率、相位等）发生变化，成为被调制的信号光，再经光纤送入光探测器，并把光信号转换成电信号而获得被测参数，如图 4-73

所示。

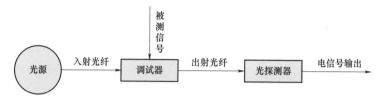

图 4-73 半导体吸收式光纤测温基本结构示意图

　　点式测温技术有传感器体积小、布置灵活、成本低的特点，近年来在变压器内部温度测量领域应用极其广泛，但该方法最大的缺点在于应用点数较少，一根光纤上最多布置一个传感器，测量范围极其有限，其在变压器内部的布置往往依靠经验，所测温度不一定代表设备最热点的温度。

　　2）光纤光栅测温。光纤光栅（fiber bragg grating，FBG）是利用光纤材料的光敏性，采用紫外曝光等措施在光纤纤芯形成的空间相位光栅，光纤光栅的结构示意图如图 4-74 所示。

图 4-74 光纤光栅结构示意图

　　光纤光栅温度传感器是一种波长调制型传感器，通过对光纤光栅中心波长的调制来获取外界的温度信息，其作用实质是在纤芯内形成一个窄带的透射（或反射）滤波或反射镜，特定波长的光经光栅反射后返回光入射的方向，作用在光栅处的温度使得光栅的周期和折射率发生变化，进而导致反射光波长的变化，因此通过检测反射光波长的变化即可测得温度的变化。光纤光栅准分布式传感系统原理如图 4-75 所示。

　　变压器光纤光栅测温系统结构如图 4-76 所示，该系统由终端个人计算机（PC）、波长解调仪和布置在变压器内部的若干光纤光栅传感器组成，其中波长解调仪包含宽带光源、3dB 耦合器、光开光、F-P 滤波器、光电转换模块等。内置光纤光栅传感阵列通过在单根光纤上串联多个不同中心波长的光纤光栅组成，不同中心波长（λ_1，λ_2，…，λ_n）的光纤光栅测温系统结构如图 4-76 所示。

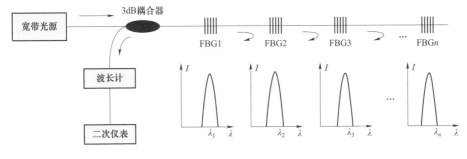

图 4-75　光纤光栅准分布式传感系统原理

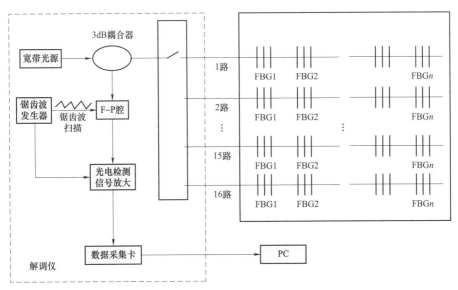

图 4-76　变压器光纤光栅测温系统结构示意图

光纤光栅传感器与点式光纤传感器（荧光、半导体）一样具有抗电磁干扰、灵敏度高、尺寸小、易埋入等优点，但光纤光栅传感器可多传感器复用，即在一根光纤上刻写多个不同的光栅传感器，组成准分布式的传感网络，实现变压器内部温度的准分布式测量，为变压器绕组热点温度的监测及实现变压器的智能化提供了新的途径。近几年来，光纤光栅研究得到迅速发展，应用范围也日益扩大。

（2）光纤振动在线监测技术。光纤振动法的监测原理是将机械振动转化成光纤光栅的应变，这个应变引起光栅反射中心波长的变化，通过波长解调可将波长变化转化成电压信号的变化，即可实现振动信号的传感。光纤测量方法精度最高，并且光纤传感器具有动态范围大、体积小、质量轻、抗电磁干扰、集信号感应与传输为一体等优点。

应用在变压器内部的光纤光栅振动传感器容易受到变压器温度和变压器油阻尼的影响，因此，必须设计一种具有温度自补偿功能的光纤光栅振动传感器，且传感器必须做金属密闭封装，将振子与外界环境完全隔离，否则变压器油阻尼随温度不断变化会导致振子的振动阻力受到影响，从而使测量的结果产生误差。

　　根据变压器内部液体环境的特殊要求，结合常见的光纤光栅振动传感器的结构特点，国网电力科学研究院武汉南瑞有限责任公司设计了一款能够在变压器液体环境中使用的光纤光栅振动传感器，其内部结构如图 4-77 所示。

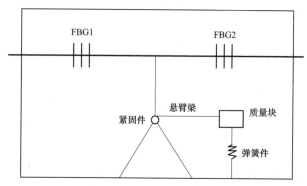

图 4-77　变压器液体环境光纤光栅振动传感器结构图

　　该光纤光栅振动传感器由质量-弹簧系统构成，进行振动测量时，将传感器外壳固定在待测物体上，外界振动使得传感器外壳和惯性质量块之间发生相对运动，通过 L 型悬臂梁作用在第一光纤光栅和第二光纤光栅上，使光纤光栅在其轴向受到应力的作用而产生拉伸或压缩，第一光纤光栅和第二光纤光栅在拉伸和压缩中交替转换，其光纤光栅中心波长随之发生漂移。通过检测光纤光栅中心波长漂移量的大小和变化频率即可实现对振动加速度的测量。

　　上述双光纤光栅振动传感器的第一光纤光栅和第二光纤光栅为全铜的光栅，且沿 L 型悬臂梁的上端完全对称布置，即中心波长、温度系数和应变系数均相同，则当质量块向下振动时，第一光纤光栅被拉伸，第二光纤光栅被压缩。该方法不仅实现了对振动加速度测量的温度自补偿，还可实现温度的独立测量，且具有较高的检测灵敏度。

　　在实现了温度自补偿功能后，该传感器必须进行金属密闭封装，以隔离压器内部的变压器油对振子阻尼的影响，通过合理规划后，用金属铜作为传感器的封装材料，并在铜的表面镀金，通过稳定性极高的稀有金属隔离液体环境的水分，起到完全密闭的作用。

　　将设计的光纤光栅加速度传感器用于检测变压器正常情况下的振动波形。在变压器进行空载试验情况下，测试结果如图 4-78～图 4-80 所示。空载振动主要是在 X 轴方向，Y、Z 轴基本无明显振动信号。通过研究分析得出，变压器空载工况下的振动是由硅钢片的磁致伸缩所引起的铁芯周期性振动，具有一定方向性。

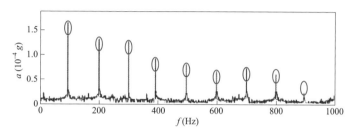

图 4-78　空载工况下 X 轴方向上的振动频谱图

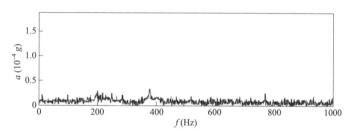

图 4-79　空载工况下 Y 轴方向上的振动频谱图

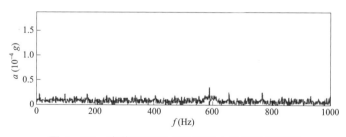

图 4-80　空载工况下 Z 轴方向上的振动频谱图

　　在变压器进行负载试验情况下，光纤光栅加速度传感器测试结果如图 4-81 所示，负载振动集中在 Z 轴方向。通过研究分析得出，变压器负载工况下的振动为绕组匝间电动力所引起的振动，主要是由绕组中负载电流产生的。

　　综上所述，基于光纤光栅振动传感技术，采用悬臂梁结构封装形式，光纤光栅振动加速度传感器能将变压器机械振动转化成光纤光栅的应变，这个应变引起光栅反射中心波长的变化，通过波长解调可将波长变化转化成电压信号的

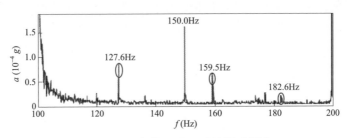

图4-81 负载工况下 Z 轴振动频谱

变化，即可实现振动信号的采集。随后，通过相应的调制解调仪对光纤光栅振动传感器采集信号进行调制解调，获得变压器内部振动信号的数字量值，进而测得变压器铁芯振动频率和加速度大小，直观地掌握变压器运行过程中铁芯振动机械状态的变化，有助于提前发现变压器内部的早期机械故障。

（3）光纤压力在线监测技术。变压器在整个运行寿命期间，不可避免地要受到短路电磁力的多次冲击，可能使绕组产生松动和变形，影响变压器的抗短路能力，易形成绝缘薄弱点。据统计，一台 110kV 城网直降用双绕组变压器，平均每年将要承受各种短路故障十几次甚至几十次。随着变压器电压等级的不断提高，系统容量和变压器单台容量不断扩大，在变压器短路阻抗一定的条件下，短路电磁力对变压器的威胁将更加严重。传统的绕组变形测试只能在变压器停电时进行离线试验，通过绕组变形测试仪检测变压器各个绕组的幅频响应特性，并对检测结果进行纵向或横向比较，根据幅频响应特性的变化程度，判断变压器可能发生的绕组变形。这种检测方式只能用于离线试验，变压器带电运行过程中是无法对绕组变形的状态进行评估的，存在一定的局限性。变压器绕组变形实时监测手段匮乏。

光纤光栅会受到应力作用而产生变形，因此波长也会相应漂移，可以通过解调波长值得出压力大小。基于该原理，可将光纤光栅压力传感器固定在变压器内部的某一特定位置或部件（该位置或部件必须对绕组变形非常敏感）中。当绕组发生形变时，有力作用于该位置，光纤光栅压力传感器感知这一形变，通过信号解调器将形变量实时显示出来，实现变压器绕组变形的在线监测。

变压器光纤压力在线监测系统结构如图4-82所示，该系统由终端 PC、光纤光栅解调仪和布置在变压器内部的若干光纤光栅动态压力传感器组成，其中光纤光栅解调仪包含宽带光源、耦合器、解调模块等。

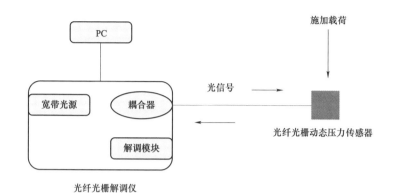

图 4-82　变压器光纤压力在线监测系统结构图

　　光纤压力传感器为金属外壳，且不自带接地线。由于变压器内部电磁场分布的特殊性，在变压器内部所有的金属部件必须可靠接地，否则会有悬浮电位产生，进而可能造成放电等严重后果。因此，在压力传感器一侧焊接接地线和接线端子，并对接地线进行良好的绝缘防护。在压靴垫块相应位置配合开槽，方便接地线穿过，在铁芯夹件上就近开丝孔，且丝孔周围做不涂漆处理，确保金属传感器可靠接地，避免悬浮电位产生。金属外壳光纤压力传感器接地结构如图 4-83 所示。

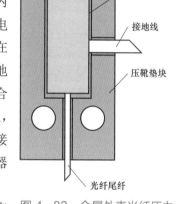

图 4-83　金属外壳光纤压力传感器接地结构示意图

　　（4）光纤局部放电超声波在线监测技术。超声波法是仅次于气相色谱法的变压器绝缘在线监测的有效方法，它利用超声波传感器测量局部放电产生的超声信号，并通过多个传感器接收信号的时间差对超声波声源（绝缘故障位置）进行定位。传统的超声波定位方法将压电陶瓷超声波传感器贴在变压器油箱表面用于采集超声波信号，这种方法操作较为繁琐，且超声波在液体（变压器油）中以纵波的方式传播，经过固体表面（油箱壁）则变换为横波传递，不同的传递方式对定位容易产生干扰，同时超声波经过油箱壁阻挡后传递出来的信号衰减较为明显。与传统压电式超声传感器相比，光纤超声波传感器可埋入液体介质中直接测量局部放电声信号，信号的传输不受到其他介质的阻挡，且光纤传感器的体积小、结构灵活、不受变压器内复杂电磁环境影响，提高了测量和定位的准确度和精度，使用光纤局部放电传感器测量超声波信号将为变压器的绝缘状态监测提供一种新的技术手段。

　　测量局部放电声信号的光纤传感器主要有本征型传感器和非本征型传感器，本征型光纤传感器包括有马赫－曾德尔（Mach-Zehnder）型光纤传感器、迈克尔逊（Michelson）型光纤传感器、萨格纳克（Sagnac）型光纤传感器，以及熔融耦合型光纤传感器；非本征型传感器有法布里泊（Fabry-Perot，F-P）型光纤传感器。

　　其中，基于 F-P 传感器的变压器光纤局部放电超声波在线监测系统结构如图 4-84 所示，该系统由终端 PC、光纤解调仪和布置在变压器内部的若干 FP 光纤局部放电超声波传感器组成，其中光纤光栅解调仪包含激光光源、3dB 耦合器、光电探测器等。

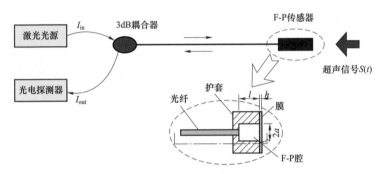

图 4-84　基于 F-P 传感器的变压器光纤局部放电超声波
在线监测系统结构示意图

　　基于 F-P 传感器的光纤局部放电超声波检测传感器可埋入变压器油中介质中直接测量局部放电声信号，基于非接触硅膜片的挠度测量，而不是传统的压力测量技术。外界压力使得 F-P 腔的长度发生改变，光纤信号调节器可以持续地测量腔的长度，即使在温度、电磁、湿度和振动等不利于测量的环境下，依然能够实现精确测量。该类型传感器可埋入变压器油中介质中直接测量局部放电声信号，信号的传输不受到其他介质的阻挡，且光纤传感器的体积小、结构灵活、不受变压器内复杂电磁环境影响，提高了测量和定位的准确度和精度，使用光纤局部放电传感器测量超声波信号将为变压器的绝缘状态监测提供一种新的技术手段。

　　6. 红外在线监测

　　变电主设备运行状态的红外在线监测，实质就是利用红外热成像技术，通过非接触探测器（红外热成像仪）检查红外线能量，然后将其转换成电信号，在显示终端生成具体温度值和图像，方便人们进行检测分析。红外在线监测基本结构如图 4-85 所示。

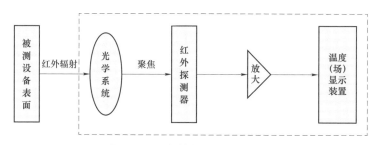

图 4-85　红外探测原理示意图

设备发射的红外辐射功率经过大气传输和衰减后，由检测仪器光学系统接收并聚焦在红外探测器上，并把目标的红外辐射信号功率转换成便于直接处理的电信号，经过放大处理，以数字或二维热图像的形式显示目标设备表面的温度值或温度场分布。

在线式红外热成像仪主要用于无人值守变电站、重点设备的连续监测，以红外热成像和可见光视频监控为主，智能辅助系统为辅，具有自动巡检、自动预警、远程控制、远程监视以及报警等功能。

在线式红外热成像仪分固定式、移动式两种。固定式为定点安装，可实现重点设备的长时间连续监测数据记录，运行状态变化预警，加装预置位云台后也可以做到比较大的安装区域设备覆盖。移动式的优势是布点灵活，可监测设备覆盖全面，适合隐患设备的后期分析监测、缺陷设备检修前的运行监测。连续监测在线式红外热成像仪如图 4-86 所示。

图 4-86　连续监测在线式红外热成像仪

7. 变压器状态综合在线监测

变压器状态综合在线监测装置由传感单元、综合监测单元和综合监测后台组成，依据获得的变压器状态信息，采用基于多信息融合技术的综合故障诊断模型，结合设备的结构特性和参数、运行历史状态记录以及环境因素，可对变压器的油中溶解气体、铁芯/夹件接地电流、超声波局部放电、高频局部放电、振动、特高频局部放电、射频局部放电、套管状态、红外测温等进行综合监测、分析和预警。

变压器状态综合在线监测系统结构如图4-87所示。其中，传感单元负责采集变压器各状态参量值，安装在变压器（电抗器）表面或附近，由传感器及信号处理模块组成，用于自动采集、处理和发送变压器（电抗器）状态信息。传感单元能通过现场总线、以太网、无线等通信方式与综合监测单元通信。综合监测单元负责对汇集的所有传感单元的监测数据进行多参量综合分析、预警，由分析模块、电源管理模块、通信模块等组成，汇聚传感单元发送的数据，实现数据处理、联合分析、就地判断、阈值设定、实时预警等功能。综合监测后台负责接收站内综合监测单元的监测数据、分析及预警结果，实现综合监测装置的管理，具备对综合监测装置的参数设置、数据召唤、对时、阈值设定、强制重启等控制功能。此外，综合监测单元通过统一通信协议将监测数据、预警信息上传至站控层服务网关机、综合应用主机和前置服务器等，满足设备运行状态集中监测预警需求。

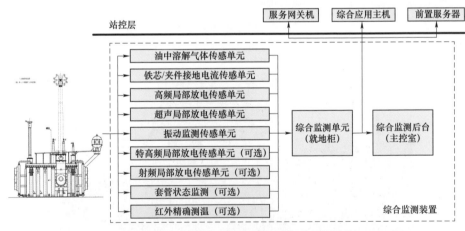

图4-87　变压器状态综合在线监测系统结构

变压器装置综合在线监测装置信息检测全面，实现了由点到面的全方位检测，对变压器各模态参量进行数据采集，从整体进行分析、比较，其智能诊断与分析功能准确、有效检测出变压器故障类型，无须人工干预。变压器状态综合在线监测系统的建立和运用，使传统的变压器状态监测从一个孤立的、参考性的系统过渡到全局的、智能化的综合状态监测、数据分析和故障诊断系统，对于智能/智慧变电站的运行、维护有重要的指导意义。后续，可进一步完善在线监测系统的综合分析功能，实现状态评价分析、设备寿命预估、故障及时诊断等高级应用功能开发，不断积累现场变压器故障样本数据，提高评估系统的准确性。

4.3.2.2　高压开关设备在线监测

高压开关设备在线监测主要包括 SF_6 气体特性（微水、密度、纯度等）、局部放电、温度等本体状态监测，机械特性、伸缩节、开关位置等组部件状态监测，智能型气体密度继电器等数字化表计监测。为了更加准确地获得 GIS 状态信息，对分立的在线监测系统进行融合，形成应用人工智能、边缘计算等先进技术，并融合多类状态数据进行状态分析诊断的综合监测系统，如图 4-88 所示。

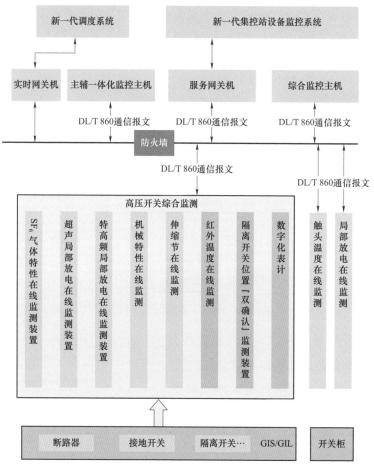

图 4-88　高压开关设备在线监测

1. SF_6 气体特性在线监测

SF_6 气体具有优异的灭弧和绝缘性能，在断路器、GIS 中作为绝缘或灭弧介质得到广泛应用。SF_6 气体的密度、微水含量、泄漏、分解等直接影响设备的电气性能，但对其直接监测较为困难，一般通过测量气体温度、压力、湿度来间接获取。

（1）SF_6 气体密度、微水（温度/压力/湿度）在线监测。SF_6 气体密度监测采用密度变送器，通过测量温度、压力的变化来计算气体密度。SF_6 微水监测通常采用湿度传感器，通过所含水汽的体积占比或质量占比来计算。

监测系统一般由气体循环控制单元、密度/温度/微水采集单元及监测主机构成。主机和采集单元之间通过电缆连接。采集单元通过三通阀门与被监控的设备相连，同时提供设备补气口，采集单元内部的采样池采用内循环技术，可实时测量设备内 SF_6 的内部微水、密度和温度等相关参数，实现实时显示及与主机的通信和数据交换。主机提取各个采集单元的数据并进行计算处理，可将数据传送至变电站综合自动化系统。同时可接受后台的指令，实现实时采样等动作。系统组成如图 4-89 所示。

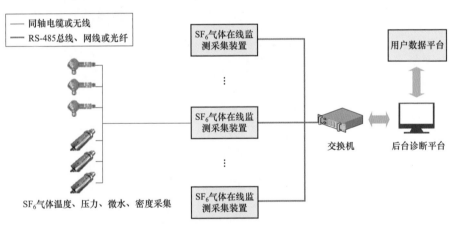

图 4-89　SF_6 气体密度、微水（温度/压力/湿度）在线监测系统结构

（2）SF_6 气体泄漏、气体组分在线监测。SF_6 气体泄漏、组分监测系统主要由采样气路、红外光声气体传感器、驱动控制电路及工控机组成。通过工控机控制驱动电路实现采样气路和红外光声传感器的动作，采样气路模块主要由减压阀、加压泵、真空泵及缓冲气室等组成，完成对 SF_6 气体的取样、检测及送回。传感器测量数据传输至工控机，由后台诊断分析软件进行数据分析，实现 SF_6 气体泄漏、组分在线监测和预警。系统构成如

图 4−90 所示。

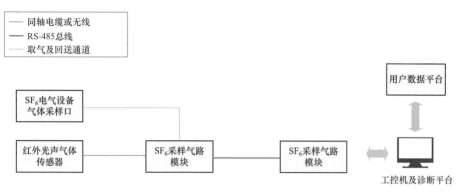

图 4−90　SF₆ 气体组分在线监测系统结构

2. GIS 局部放电在线监测

当 GIS 内部存在绝缘缺陷时，容易会引起局部放电现象，而长期局部放电会使绝缘性能进一步劣化，最终导致绝缘击穿。局部放电会引起声、光、热、电磁波、气体分解等现象，针对这些现象的研究产生了不同的检测手段，主要包括脉冲电流法、特高频法、超声波法、化学检测法及光学检测法等。其中，脉冲电流法、特高频法和超声波法是 GIS 局部放电监测中应用最广泛的方法。

（1）高频局部放电在线监测装置。高频局部放电在线监测系统包括传感单元、监测单元和上位机局部放电监测系统。传感信号获取采用基于罗氏线圈原理的高频脉冲电流传感器，采用磁耦合方式测量接地线的脉冲电流信号。监测单元具备信号采集、滤波及处理等功能，通过网口输出数字信号至上位机。局部放电监测系统具备数据采集、存储、处理、显示及故障识别等功能。系统结构如图 4−91 所示。

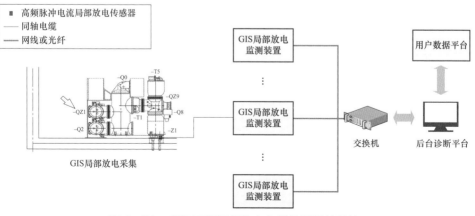

图 4−91　GIS 高频局部放电在线监测系统结构

（2）特高频局部放电在线监测装置。GIS 特高频局部放电在线监测系统主要由前端传感器、在线监测装置及后台诊断分析系统组成。使用内置式或外置式特高频传感器采集的局部放电信号，通过高屏蔽同轴电缆或无线方式传输至在线监测装置，在线监测装置主要包括放大检波、高速采集、信息处理及通信模块，对局部放电信号进行信息处理，包括滤波放大、模数转换、统计分析等，将数据整理为谱图数据，以有线通信方式传输至后台诊断分析系统，进行故障诊断和定位分析。系统一般采用 DC 24～72V/AC 220V 电源供电。系统需要进行合理传感器布置和通信布线等，以便于施工、调试及后期维护。系统如图 4-92 所示。

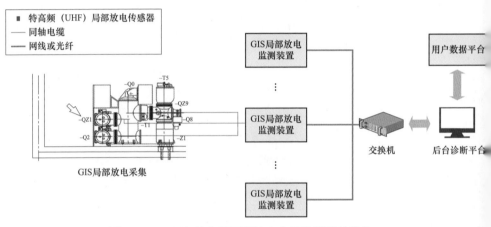

图 4-92　GIS 特高频局部放电在线监测系统结构

（3）超声波局部放电在线监测装置。超声局部放电在线监测系统主要由超声传感器、在线监测装置和后台诊断分析系统组成。超声传感器通常使用压电式接触式传感器，通过胶粘、螺栓固定等方式贴附于 GIS 表面，接收到的声信号通过电缆或无线方式传输至在线监测装置，实现局部放电信号滤波放大、模数转换及统计分析，并将数据上传至后台诊断主机，根据系统各传感器的信号大小和接收时间，进行局部放电故障定位分析。系统如图 4-93 所示。

GIS 现有各类监测方法的测量原理、优缺点及应用情况调研如表 4-2 所示。经过对比分析，在理论上除了化学监测法时效性不高以外，其他检测方法均能实现连续或定时地 GIS 内部局部放电长期在线监测。从检测灵敏度和应用情况考虑，特高频检测法具有灵敏度较高、抗干扰性较强等优点，超声法在定位分析方面具备一定优势。

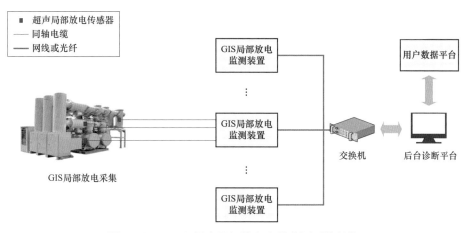

图 4-93　GIS 超声局部放电在线监测系统结构

表 4-2　　　　　　　　GIS 局部放电监测不同技术分析对比表

序号	监测方法	测量原理	优缺点	应用情况
1	脉冲电流法	从 GIS 套管接地处测取局部放电信号；测量频率范围 100kHz~30MHz	优点：灵敏度高，可标定放电量；缺点：检测频带和现场干扰频带重合，电磁干扰影响大，信噪比低	变压器内部放电，GIS 内部放电，变压器套管沿面放电等。早期应用较多
2	特高频法（UHF）	采集局部放电脉冲电流信号产生的电磁波信号；测量信号为电磁波，测量频率范围 300MHz~3GHz	优点：抗干扰性强，灵敏度好，信噪比高；缺点：超高频信号衰减快，信号解调难度大	检测 GIS 导电杆与支撑绝缘子金属部件接触不良放电/自由金属颗粒放电/绝缘件表面脏污导致的沿面放电/绝缘件内部气隙放电等。应用较多
3	超声法（AE）	测量局部放电信号产生的振荡或声波信号；测量频率范围 20~200kHz	优点：适合现场定位，不受电气信号干扰；缺点：声波衰减快，灵敏度低	接触式超声检测 GIS 支撑绝缘子断裂。一般用于定性和定位
4	化学检测法	测量局部放电产生的气体生成物的比重和成分	优点：不受电磁干扰；缺点：灵敏度差，无法长期在线监测	检测 GIS 内部局部放电严重时的缺陷。极少应用于在线监测
5	光学检测法	使用光电倍增管监测局部放电发射的光子	优点：不受电磁干扰；缺点：检测灵敏度差	检测 GIS 内部局部固定位置放电。极少应用于在线监测

3. 断路器机械故障在线监测

高压断路器机械结构卡涩、触头磨损、元器件损坏等均会引起机械故障，其机械故障占比高达 70%。断路器机械故障在线监测主要包括断路器动触头行程及速度在线监测、分合闸线圈电流在线监测及振动在线监测。断路器动触头行程及速度在线监测通常采用间接测量方式,依据动触头与绝缘拉杆连接关系,使用位移传感器连接主轴测量,获得其行程–时间特性曲线,求解出断路器机械部件动作的部分参数。分合闸线圈电流在线监测依据分合闸操作时的线圈电流非固定性,通过分析电流波形的特征可以得到断路器的时间及状态信息。振动在线监测根据操动时触头系统从静止加速、制动、缓冲等不同阶段产生的机械振动信号来诊断断路器机械系统的工作状态。以上三种监测方式通常采用一台监测主机完成。

断路器机械特性在线监测系统从功能上划分,主要包括传感器模块、电源模块、通信模块、采集处理模块、上位机系统。前端传感器采用非侵入式安装,不改变、影响断路器的主体结构布局和性能。动触头行程监测多采用角位移或直线位移传感器,使用螺栓或特定工装固定于高压断路器操动机构上;分合闸电流通常采用易于安装的开环式电流互感器监测;振动信号采用压电式加速度传感器,频率范围 0~100kHz,可安装于支架横梁中间,获取分合闸操作时的加速度时域波形。断路器机械特性在线监测装置具备 3 路振动信号、2 路分闸电流、1 路合闸电流及 1 路光电编码器检测通道,可覆盖不同电压等级断路器的在线监测。系统结构如图 4–94 所示。

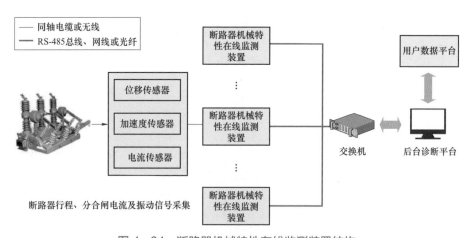

图 4–94　断路器机械特性在线监测装置结构

4. GIS（GIL）状态综合在线监测

GIS 状态综合监测主要针对 GIS 局部放电、振动、SF_6 气体特性及断路器机械特性等信号进行综合采集,将监测到的数据统一送到综合监测单元,实现数据融合分析，并应用人工智能算法进行 GIS 综合状态评价。

GIS 状态综合在线监测装置由传感单元、综合监测单元、综合监测后台三部分组成，系统结构如图 4-95 所示。其中，传感单元负责采集 GIS 各状态参量值，安装在 GIS 表面或附近，由传感器及信号处理模块组成，用以自动采集、处理和发送 GIS 状态信息。传感单元能通过总线、以太网、无线等通信方式与综合监测单元通信。综合监测单元负责对汇集的所有传感单元的监测数据进行多参量综合分析、预警，由分析模块、电源管理模块、通信模块等组成，汇聚传感单元发送的数据，实现数据处理、联合分析、就地判断、阈值设定、实时预警等功能。综合监测后台负责接收站内综合监测单元的数据结果，实现综合监测装置的管理，具备对综合监测装置的参数设置、数据召唤、对时、阈值设定、强制重启等控制功能。此外，综合监测单元通过统一通信协议将监测数据、预警信息上传至站控层用户数据平台、综合应用主机等，满足设备运行状态集中监测预警需求。

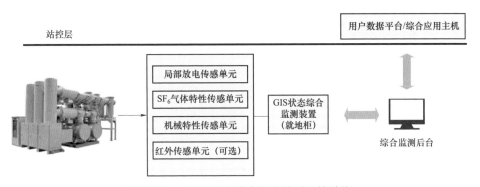

图 4-95 GIS 状态综合在线监测系统结构

5. 开关柜局部放电和温度在线监测

（1）开关柜局部放电在线监测。开关柜局部放电在线监测系统整体由传感单元、在线监测装置和诊断分析系统组成。采用 TEV 传感器采集暂态地电波，由于该信号较小，需要进行放大检波处理，经装置滤波、模数转换等转变成可用的暂态地电压信号。采用超声传感器安装于开关柜内部，接收超声信号。在线监测装置包括信号采集、通信、存储等模块，主要完成 TEV 信号和超声信号的分析，判断设备局部放电情况。处理后的数据可通过 RS-485 总线或网线传输至诊断分析后台，实现实时监测数据显示和故障分析。系统组成如图 4-96 所示。

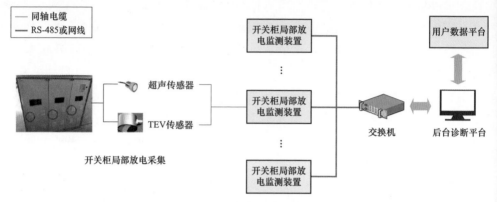

图 4-96　开关柜局部放电在线监测系统结构

（2）开关柜红外温度在线监测。红外温度在线监测系统由红外传感器、无线测温装置组成。使用红外传感器将红外信号转换为温度信号，传感器集成光电转换、降噪、放大等功能，使用无线串口直接将温度信号传输至集采单元进行汇总处理，一台无线测温装置可接收数十甚至上百个传感器数据。无线测温装置可安装于高压柜内，使用 RS-485 总线将温度数据传送至监控中心。系统结构如图 4-97 所示。

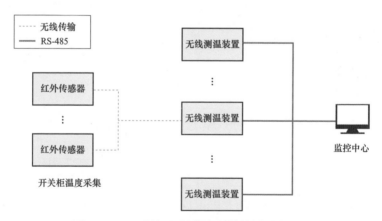

图 4-97　开关柜局部放电在线监测系统结构

4.3.2.3　其他设备在线监测

变电站内其他设备在线监测主要包括少油设备压力在线监测、容性设备电容及介质损耗在线监测、电容器形变在线监测、避雷器泄漏电流在线监测以及蓄电池在线监测等，如图 4-98 所示。

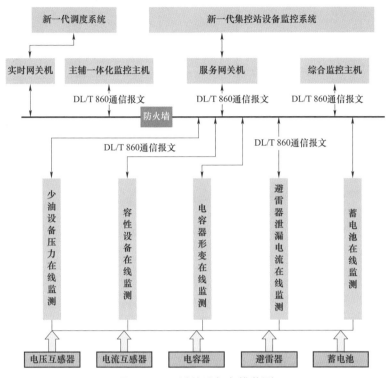

图 4-98　其他设备在线监测

1. 少油设备油温油压在线监测

如图 4-99 所示，变电站少油设备主要包括电流互感器、电压互感器、高压套管、少油断路器等，少油设备作为变压器、电抗器重要附件之一，其可靠性直接影响变压器、电抗器的安全运行。

少油设备对电网安全运行至关重要，近年来，因变压器套管、电流互感器等故障引起的电网事故时有发生。因此，亟须采取一种简单有效的在线监测方法，在套管故障前及时发现缺陷。

少油设备的油温油压在线监测一般采用油温油压一体化传感器或油温油压氢气一体化传感器，油温对油纸绝缘过热缺陷敏感、油压对气体总量超标敏感，通过对油的基本物理特性的监测，结合油中溶解氢气含量测试，可为少油设备故障诊断提供更全面的基础信息。油温测量多采用金属铂电阻，油压测量多采用压力传感器，采用不锈钢波纹膜片隔离的压阻式压力测量元件。

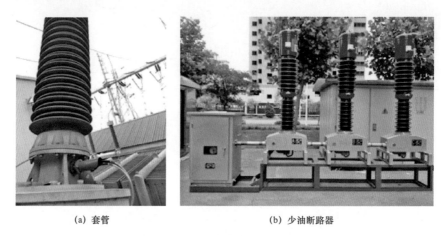

(a) 套管   (b) 少油断路器

图 4-99 变电站少油设备

少油设备氢气、油温、油压综合状态在线监测装置结构图如图 4-100 所示。在线监测装置主要由 3 部分组成：信号一体化传感器、监测单元和综合监控后台。一体化传感器负责氢气、油温、油压数据的采样；监测单元负责将采样数据进行计算、显示、告警、数据上传；综合监控后台负责将数据分析存储、智能诊断和展示。

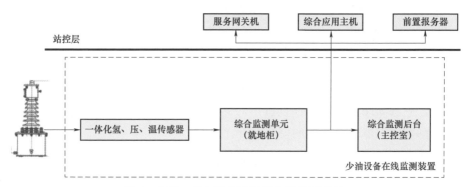

图 4-100 变电站少油设备在线监测系统

2. 电容器形变在线监测

在电力电容器的日常维护中，外壳检查是最常见、最直观的检查方式，通常检查电力电容器外壳是否存在起鼓、渗漏、膨胀等问题，能够初步判断出电力电容器是否出现质量问题，如果存在上述问题，进一步检查膨胀量是否超标，以此来判断具体的故障。

针对变电站监测电力电容器等密闭容器类电气设备壳体的形变和温度的隐患，相关企业开发了可以实时检测压力容器壳体变形的无线形变传感器。如

图 4-101 所示，此类传感器一般先与其他物联网传感器一起接入接入节点，然后经接入节点进行数据打包后上传汇聚节点，最终接入物管平台。

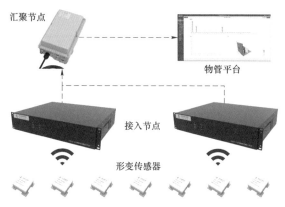

图 4-101　电容器形变在线监测系统架构

3. 容性设备在线监测

变电站高压电容型设备（简称容性设备）是电力系统的重要组成部分，一般指电流互感器（TA）、电压互感器（TV）、耦合电容器，如图 4-102 所示，它们和避雷器合称变电站四小器，在变电站高压设备中占有相当大的比例。容性设备的好坏直接影响到变电站电力系统的稳定运行。

(a) 电流互感器　　　(b) 耦合电容　　　(c) 电压互感器

图 4-102　变电站容性设备

容性设备在线监测系统多采用分层分布设计结构，如图 4-103 所示，配置监测设备和监测项目均不需改变系统结构，可根据需要在监测主机提供的现场总线上挂接不同类型及数量的本地监测单元，实现对互感器、耦合电容器、套管等电气设备的监测和诊断。

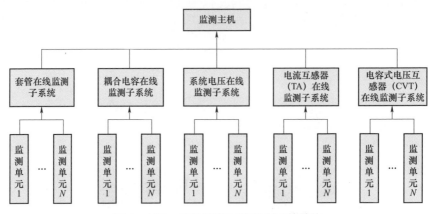

图 4-103　容性设备在线监测系统结构

4. 避雷器在线监测

避雷器在线监测系统由一台综合监测单元、多台避雷器在线监测装置和母线电压监测装置组成，主要用于实时监测避雷器的工作状况，监测参数包括全电流、阻性电流和动作次数等。采用高精度零磁通传感器、数字滤波和多通道协同采样技术，测量精度高；抗干扰能力强，采用多层屏蔽技术，有效屏蔽电场和磁场干扰，可稳定工作在电磁干扰严重的场所；采用分布式结构，组网灵活，增加或减少监测装置都不影响系统结构；就地测量，数字化传输，彻底解决模拟信号传输过程中的失真问题；支持 IEC 61850《电力自动化的通信网络和系统》系列标准，既可纳入智能变电站一体化监控系统，也可作为独立的避雷器及电容型设备在线监测系统。氧化锌避雷器及其安装如图 4-104 所示。

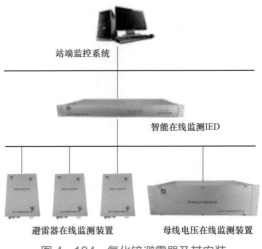

图 4-104　氧化锌避雷器及其安装

5. 蓄电池在线监测

直流电源系统是变电站的重要组成部分，是继电保护控制装置、自动化装置、高压断路器分合闸机构、通信、计量、事故照明等二次系统的供电电源，主要由蓄电池组和整流装置两部分组成。正常情况下，直流电源系统由站用交流电经整流装置提供，当突发交流失电时，站用直流电源系统转由蓄电池组供电，蓄电池组便成为唯一的直流电源。

蓄电池在线监测实现对蓄电池的自动核容和在线监测，替代人工蓄电池核对性放电、内阻测试工作，实时掌握蓄电池电压、内阻、极板温度等关键参数信息，提前发现故障电池，减小蓄电池组开路风险，减轻现场运维检修工作量。变电站蓄电池如图4-105所示。

图4-105　变电站蓄电池

如图4-106所示，蓄电池在线监测系统大体分为电池监控主机、单体电池检测模块、电池组检测模块。电池监控主机主要负责对电池监测数据的收集、

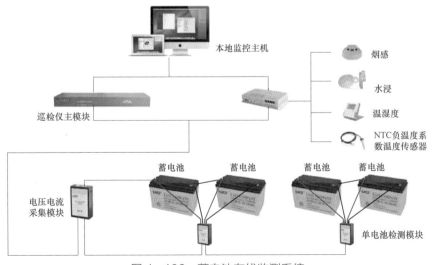

图4-106　蓄电池在线监测系统

处理、分析，将电池组的各项数据、参数进行管理，同时计算电池充电状态（state of charge，SOC）和电池健康（state of health，SOH），对电池的实时运行状态、运行环境以及健康状态进行直观的分析与评估，并可通过网络上传数据，用户通过远程管理查看。

4.3.3　应用场景（案例）

案例：多参量感知的全光纤变压器综合监测。

针对变压器内部状态感知存在的直接监测手段匮乏、光纤传感器应用相对单一且随意、缺乏有效的光纤防护手段、缺少规范的变压器内部光纤传感器布置安装工艺等诸多工程应用难题，基于多参量光纤传感技术，采用多物理场仿真与真型试验分析，进行多参量全光纤传感器与变压器本体一体化融合设计，研制出国内首台面向智慧变电站应用的全光纤传感变压器，满足智慧变电站"防火耐爆、本质安全、状态感知、免（少）维护、标准设备、绿色环保"等一次设备要求，实现变压器绕组热点温度及温度场分布、绕组动态压紧力、铁芯振动、局部放电等内部状态的全面深度感知，其温度测量范围为 $-10\sim260℃$，最大检测压力不低于 6100kg，振动测量频段覆盖 $0\sim800Hz$，检测最小放电量不超过 60pC。

如图 4-107 所示，全光纤传感智能电力变压器采用基于光纤光栅传感技术的单点式光纤温度传感器及准分布式光纤温度传感器，实现变压器绕组热点及温度场的测量；采用基于光纤光栅原理的光纤压力传感器，实时监测变压器绕组压靴动态压紧力，实现绕组变形状态的在线监测；采用基于光纤光栅传感和悬臂梁原理的光纤振动传感器，实现变压器内部机械振动状态的有效检测；选用基于法布里泊（F-P）滤波器的光纤局部放电超声波检测传感器，实现变压器内部绝缘故障的实时监测。针对全光纤传感智能电力变压器制定多参量光纤传感器布置与安装方案，具体如下：

（1）高压绕组 A/B/C 三相绕组中共安装 4 个单点式温度传感器；中压绕组 A/B/C 三相绕组中共安装 4 个单点式光纤光栅温度传感器、4 个光纤光栅串温度传感器；低压绕组 A/B/C 三相绕组中共安装 4 个单点式光纤光栅温度传感器、4 个光纤光栅串温度传感器。

（2）采用 6 只光纤压力传感器，分别在高低压侧对称布置，以实时监测三相绕组变形后引起的绕组压紧力变化。

（3）采用 3 只光纤振动传感器，分别将其固定在铁芯夹件的特制基座上，该基座与铁芯夹件垂直且紧密连接（刚性连接）。

（4）在高压侧引线支架上面安装 3 个传感器用于测量套管接头处局部放电；在变压器长轴方向对侧引线支架上面安装 3 个传感器，用于测量绕组端部局部放电；变压器油箱两侧共安装 2 个传感器，用于缺陷的横向定位。

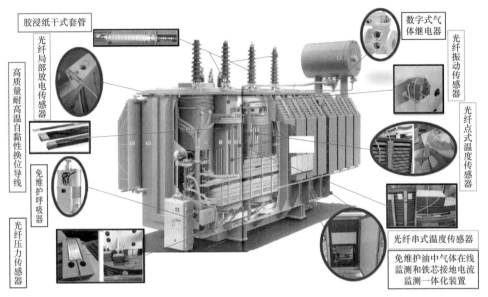

图 4-107　全光纤传感智能电力变压器

另外，该变压器采用基于光声光谱原理的油中溶解气体在线监测技术，实现变压器故障检测及监测装置免维护；采用免维护智能呼吸器和数字式气体继电器，降低变压器运维工作量，提升变压器智能化水平。采用胶浸纸干式套管和高质量耐高温自黏性换位导线，提升变压器防火耐爆性和抗短路能力。

全光纤传感智能电力变压器全面适应国家电网智慧变电站试点建设要求，并满足传统智能变电站建设需要，可广泛应用于智慧变电站试点建设、智能变电站改造和新建工程。

≫ 4.4　高清视频巡检 ≪

传统变电站巡视主要以人工现场巡视为主，随着电网建设规模的逐步壮大，变电运维和检修人力资源均不足以支撑设备管理精益化工作目标，重复性工作的疲劳性势必会导致巡视检测低质现象。为推动人工智能技术与运维检修核心业务深度融合，构建特高压交流变电站远程智能巡视体系，提升运维人员工作效率和质量，拓展变电专业信息化、智能化技术应用。借助于高清视频联合巡视，通过机巡代替人巡的方式，实现对变电站设备全面巡视。从而达到巡视覆盖全面、无遗漏、提升巡视准确性的目的。同时视频智能识别自动生成巡视报表，并进一步减轻甚至替代运行人员完成重复和繁琐的巡检工作。通过高效的运维分析、判断和全能业务的处理，让运维人员真正成为管理设备的主人。

利用视频监控设备进行远程监控，让视频监控设备作为巡检人员的"眼睛"，完成对设备状态、运行情况的检测巡检任务。根据变电站巡检路线设置巡检预案（日巡视、夜巡视、周巡视、月巡视等），可以实现对系统内的所有监控点（场地、设备）进行图像自动巡检，同时结合智能分析子系统，在巡检过程中可以自动分析识别隔离开关等主要设备的状态、断路器等仪器仪表读数，并把结果自动反馈给平台，系统平台进行自动比对及智能分析，从而达到远程巡检的目的。

4.4.1　研究背景

随着计算机视觉技术的发展，智能视频监控技术得到广泛的关注和研究。视频监控从 20 世纪 70 年代开始发展至今，共经历了三代。第一代模拟视频监控系统起步于 20 世纪 70 年代，该时期以闭路电视监控系统为主，一般利用同轴电缆传输前端模拟摄像机的视频信号，由模拟监视器进行显示，存储由磁带录像机完成。到了 90 年代中期，随着数字编码和芯片技术发展，存储格式和传输途径发生改变，数字监控系统应运而生，开始使用嵌入式硬盘存储和网络通信技术，同时图像的编码处理由后台转向了前端。现在，随着数字化和网络化通信技术的发展，前端摄像头处理性能越来越强，实现了多路大量前端设备部署和网络化应用，视频监控系统可获取大规模海量的监拍数据，进行实时分析和事后查询。最核心的技术是计算机视觉处理，即通过对原始动态图像的建模、检测、识别及跟踪等一系列算法分析，得到目标行为及事件。

1. 国外研究情况

国外对变电站视频监控系统的研究起步较早，技术相对成熟。从 20 世纪 80 年代开始对变电站自动化综合智能监控系统进行研究和开发，20 世纪 90 年代，发电厂或变电站陆续开始采用动态监视技术，改善运维人员的视觉效果，在厂站自动化技术初期，一般以语音、声音报警或工业电视系统为主。各大知名电力设备公司陆续地推出了相当多的系列化集成产品，如 ABB 集团、西门子股份公司（SIEMENS AG）等公司。20 世纪以来，世界各国新建变电站大部分采用了数字化的二次设备，相应地采用了变电站自动化技术，视频监控应用越来越普及。

智能电网概念提出后，电力市场上所有相关实体连接在一起，输电和配电以及监控网络形成统一整体。智能电网视频监控可以随时监控各个网络间设备的实时状态，及时发现和解决问题，国外已经有例如西门子股份公司（SIEMENS AG）的成熟方案应用到商业电力公司中，成效显著。

视频监控系统在国外电力行业的应用广泛，是变电运行监控的重要手段。从已知研究成果来看，国外关于智能视频监控在电力行业的研究并不深入，各种高端技术及智能分析算法的应用较少，特别是可视化防误操作及智能巡视的研究方面，通常作为变电站人工操作的视频图像监控系统来使用。

2. 国内研究情况

国内有大量企业、机构从事相关方面的研究，有相关产品出现，但多数产品的技术重点在硬件设备升级上，比如采用高清摄像头、远程网络图像监控等。在系统方面，最早是将具有通信功能的安防系统复用到电力系统中，实现现场监视和人工巡检结合的模式。但普通安防系统并不符合电力系统安全生产要求，在电气性能、通信网络及数据安全上存在隐患。

越来越多的视频监控厂家结合变电站自身特点，开始进行定制化研究。在通信方式方面，也由最初的电话信道升级到应用较多的 E1 信道和宽带网络通信方式。视频压缩标准由 H.261 和 H.263 转为 JPEG、MPEG-4 或 H.264 标准。在系统功能方面，在常规图像监控系统基础上，厂家根据变电站运维场景，形成一套适用于站点需求等完整功能实现的变电站智能视频操作及智能设备巡视系统，完成远程辅助系统全过程监控与各子系统联动。

4.4.2 系统结构

变电站智能巡检系统主要由前端数据采集系统、视频监控系统、防火防盗报警系统、灯光空调等辅助设备控制系统组成。实现对变电站视频、灯光、风扇、空调、防火、防盗、门禁等辅助系统协同应用及统一管理的功能，并可连接各种在线监测系统实现对变电站运行的全面监视和管理。智能巡检系统逻辑架构如图 4-108 所示。

1. 实时视频监控功能

按照要求，将所需视频实时上传，且能满足多用户同时访问；在可设定的间隔时间内对站内摄像机进行视频巡检，参与巡检的对象可以任意设定，包括同一站端的不同摄像机、同一摄像机的不同预置位等；巡检间隔时间可设置；具备视频自动跟踪、移动检测等功能。

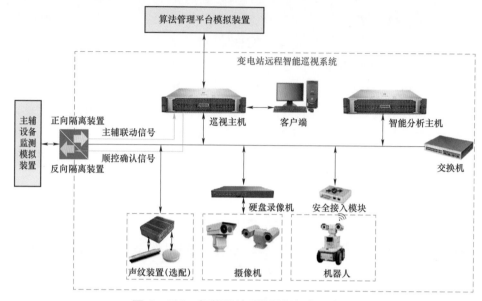

图 4-108　智能巡检系统逻辑架构示意图

2. 环境信息采集处理

能对站内的温度、湿度、风力、水浸、SF_6 浓度等环境信息进行实时采集、处理和上传。

3. 语音功能

变电站场景录音、传输和播放；实现双向语音录音功能，播放、保存、回放语音；采用 IP 语音方式，被呼叫时自动应答。

4. 告警功能

当出现监测信息告警时，能将相关摄像机自动切换至设定预置位，并向集控中心传送报警信息和相关视频，告警录像以告警信息为索引进行检索和回放。告警信息主要分为环境信息异常告警、消防告警、非法闯入告警、视频异动告警。

5. 安全警卫功能

能与变电站内的安防系统相连，当安防系统出现告警时，能联动相应的摄像机转向告警发生地点，弹出视频并发出声光告警，提示保安和运行人员。

6. 控制功能

能对摄像机进行控制，并保证其操作的唯一性；具备灯光的开关控制功能；能对变电站内的门禁进行控制，包括数据读取、开关控制、权限调整等。

7. 录像管理功能

所有监控点的视频、环境信息、告警信息可设定长时间的自动循环录像存储。

4.4.3 应用场景

案例 1：金华 500kV 芝堰变电站智能化改造试点工程。

金华 500kV 芝堰变电站智能化改造内容主要包括一次设备智能化和在线监测、信息一体化平台的构建、运行维护智能化、高级应用开发、辅助系统智能化改造五项重点内容。项目以智能视频综合监控系统为核心，完成环境监测系统、安全防范系统、消防报警系统、门禁系统、照明系统、空调系统、给排水系统的高度集成，从而形成了一套完整的智能化辅助系统，为变电站降低运维成本、优化资源配置、提升运行指标提供了重要保障。项目系统架构图及现场图如图 4-109 和图 4-110 所示。

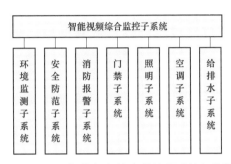

图 4-109　智能视频综合监控子系统架构图

(a) 变电站外观

(b) 智能视频综合监控系统

(c) 视频监控设备

图 4-110　金华 500kV 芝堰变电站智能化改造试点工程现场图

视频环境巡检案例如下。

1. 安全帽佩戴识别

如图4-111所示，安全帽检测识别用于自动定位场景中工作人员并进而判断其是否佩戴了安全帽，如检测到未佩戴的人员，系统将记录当前帧图像并发出报警。安全帽检测识别系统由图像采集、前景分离、人体检测、头部区域定位、头部区域安全帽检测以及对未佩戴安全帽人员预警和记录六部分组成。

图4-111　安全帽识别

2. 陌生人进入设备区域预警

陌生人进入设备区域预警通过电子周界及进出检测系统实现。电子周界及进出检测系统自动监控用户设定区域内是否存在未经授权的人员入侵情况。该系统由图像采集、监控区域设定、前景检测、人体检测及定位、入侵检测和记录五部分组成，案例如图4-112所示。

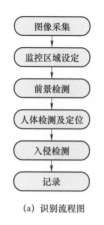

(a) 识别流程图

(b) 监控区域设定

图4-112　识别流程图及入侵检测案例（一）

(c) 前景检测

(d) 人体检测及定位　　　　　　　　　　(e) 入侵检测

图 4-112　识别流程图及入侵检测案例（二）

案例 2：宁夏清水河 330kV 变电站项目。

项目概述：在变电站内通过安装视频监控、红外测温、环境监测、智能控制、门禁管理、安全警卫、火灾报警等系统，建立变电站智能巡检管理平台，将设备运行的状态信息、视频图像信息进行整合和集成，实现变电站巡视工作的可视化、智能化，从而达到延长巡检周期或取代人工巡检的目的。项目系统架构图及监控图如图 4-113 和图 4-114 所示。

设备运行的状态视频巡检主要包括变电设备漏油、表计、油位等状态。案例如下。

1. 表计读数与表计破损

针对变电站主要表计（温度表、油位计、SF_6 检测仪）等一次设备开展巡检，对于表计读数识别，首先针对不同种类的仪表设备图像，建立设备模板库，在模板库中记录各种仪表的最小值刻度与最大值刻度等位置信息，然后对于要识别的表计图像，利用尺度不变特征变化（scale-invariant feature transform，SIFT）算法与设备模板库中的模板图进行匹配，提取表计区域子

147

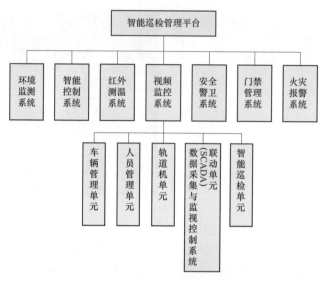

图 4-113 宁夏清水河 330kV 变电站智能巡检管理平台

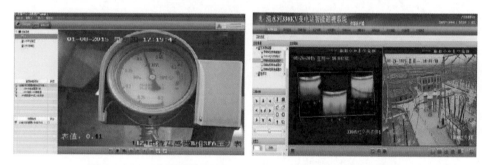

图 4-114 宁夏清水河 330kV 变电站智能巡检平台监控图

图像，对表计子图像进行二值化等处理，利用快速霍夫变换检测指针直线，精确定位指针位置与指向角度，通过模板图的读数，推断出表计的读数，如图 4-115 所示。

 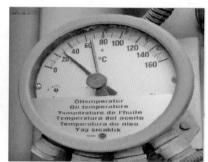

（a）SF₆检测仪读数 　　　　　　　　　（b）温度表读数

图 4-115 　SF₆检测仪、温度表设备读数识别

对于表计表盘破损，在形式上主要是细微的裂纹破损或者完全的破损，而细微的裂纹破损与正常的表计较为类似，相互之间容易造成误检，因此在标注时，对于正常的样本也进行标注，从而在训练时形成对比，降低误检率。同时为提高检测精度，采用了二次级联检测方式，首先利用智能算法快速定位出表盘区域，然后将表盘区域输入到卷积神经网络分类器中进行表计破损的识别。

2. 硅胶变色与油封油位异常

针对呼吸器硅胶、呼吸器油封等一次设备开展场景验证，利用 Faster R-CNN 深度学习网络中目标区域提取层、区域筛选层与目标分析层，基于深度学习网络层开发，与已有卷积层、全连接层相连，采用端到端深度学习网络架构，经由大量变电站设备及相关缺陷样本进行训练，进行呼吸器油封油位异常和硅胶变色识别，如图 4-116 和图 4-117 所示。

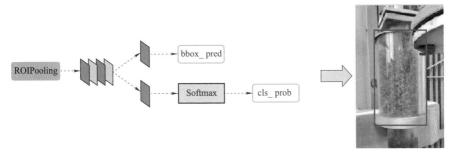

图 4-116　硅胶变色设备识别流程

图 4-117　硅胶变色、油位异常识别

系统传输标准主要分为视频的传输上传和数据的传输上传，其中视频部分基于的标准：Q/GDW 1517.1—2014《电网视频监控系统及接口　第 1 部分：技术要求》、Q/GDW 1517.2—2014《电网视频监控系统及接口　第2部分：测试方法》。

而数据部分的传输，主要是站内的数据通信以及上传主站系统，采用的标准：DL/T 860《变电站通信网络和系统》系列标准、DL/T 634.5104—2009《远动设备及系统　第5-104部分：传输规约　采用标准传输协议集的 IEC 60870-5-101网络访问》。

» 4.5　智能穿戴装备 «

智能穿戴设备是综合运用嵌入式技术、各类识别技术（语音、手势、眼球追踪等）、传感器技术等交互及储存技术，以可穿戴在人体上的设备代替手持设备或其他器械，实现用户互动交互、工作生活、人体监测等功能。是一种把先进的科学技术融合到日常随身携带的物品里，并对该物品进行智能化设计的技术，旨在研发出满足用户要求和需求的可穿戴设备。确切地说，可穿戴设备是智能可穿戴计算机，指采用独立操作系统，并具备系统应用升级和可扩展的能力。

4.5.1　研究背景

穿戴式智能设备的本意，是探索人和科技全新的交互方式，为每个人提供专属的、个性化的服务，而设备的计算方式无疑要以本地化计算为主——只有这样才能准确地定位和感知每个用户的个性化、非结构化数据，形成每个人随身移动设备上独一无二的专属数据计算结果，并以此找准直达用户内心真正有意义的需求，最终通过与中心计算的触动规则来开展具体工作，穿戴式智能设备已经从幻想走进现实，它们的出现将改变现代人的生活方式。

当前正处于能源革命和数字革命的交汇期，人工智能是引领这一轮革命的战略性技术。人工智能与电力系统的结合，必将对电力系统发展和技术进步产生巨大的推动作用。

1. 国外研究情况

穿戴式智能设备拥有多年的发展历史，思想和雏形在20世纪60年代即已出现，而具备可穿戴式智能设备形态的设备则于20世纪70年代开始出现，史蒂夫·曼基于 Apple-Ⅱ 6502型计算机研制的可穿戴计算机原型即是其中的代表。随着计算机标准化软硬件以及互联网技术的高速发展，可穿戴式智能设备的形态开始变得多样化，逐渐在工业、医疗、军事、教育、娱乐等诸多领域表现出重要的研究价值和应用潜力。

在学术科研层面，美国麻省理工学院、卡内基梅隆大学、日本东京大学的工程学院以及韩国科学技术院等研究机构均有专门的实验室或研究组专注于可穿戴智能设备的研究，拥有多项创新性的专利与技术。

在机构与相关活动领域，美国电气和电子工程师协会（Institute of Electrical and Electronics Engineers，IEEE）成立了可穿戴 IT 技术委员会，并在多个学术期刊设立了可穿戴计算的专栏。国际性的可穿戴智能设备学术会议 IEEE ISWC 自 1997 年首次召开以来，已举办了 18 届。

2. 国内研究情况

中国学者也在 20 世纪 90 年代后期开展可穿戴智能设备研究。在中华人民共和国国家自然科学基金委员会的支持下，由中国计算机学会、中国自动化学会、中国人工智能学会等主办召开了 3 届全国性的可穿戴计算学术会议。另外，中华人民共和国国家自然科学基金委员会和国家高技术研究发展计划（863 计划）也支持了多项可穿戴式智能设备相关技术产品研发项目。

可穿戴设备已应用于变电站运行检修、电力规划、电力教育培训、电力信息虚拟现实展示等。比如，智能头盔或眼镜可依托现实建立虚拟变电站和虚拟元件，把变电站设备信息以三维的形式展示给工作人员。视频监控、动态监测和综合报警系统结合虚拟现实技术可实现虚拟变电运维，工作人员在值班室里只需点击鼠标就能实现对变电设备的巡检，而且既能观察元件表面的重要特征，又能掌握元件的整体情况。电网虚拟现实辅助规划设计可从宏观和微观两个层面展示、分析、规划电网数据，帮助工作人员根据三维模型迅速了解电网历史情况、完整掌握电网现状、形象化预测电网未来运行情况。

4.5.2　智能穿戴设备

随着"大云物移智链"等新兴技术的融合式发展，可实现实时信息互联、语音视频交互、地理定位等功能的便携式智能可穿戴设备得到了广泛应用。变电站已应用的智能穿戴设备主要有智能巡检仪、智能安全帽、智能双钩、智能手环、生命体征监测仪等，极大提升了现场作业智能化水平。通过这些设备，人可以更好地感知外部与自身的信息，能够在计算机、网络甚至其他人的辅助下更为高效率地处理信息，能够实现更为无缝的交流。

智能穿戴设备可以称作是一种建立在语音识别、自然语言处理、用户分析、搜索和推荐、增强现实等五大关键软件技术基础上的新型智能机器。语音识别完成文本消息的听写、拨号、搜索和推荐等操作，实现文本和语音的相互转换；

自然语言处理技术可以实现计算机数据和自然语言的相互转换；用户分析实现文字和数字等文本内容的跟踪，将从温度、键盘、眼球等多方面收集用户信息。搜索和推荐是用户获取信息的两种主要手段，在采集设备信息时，自动搜索出设备类型，并进行推荐；增强现实是在现实的基础上提供信息性、娱乐性的覆盖，例如把文字、数字、声音、图片、超文本等叠加在现实基础上，完成提示、辅助标记、注释等功能，智能穿戴设备为增强现实技术提供了有效的应用系统。

1. 智能穿戴巡检仪

如图 4-118 所示，智能穿戴巡检仪实现了高性能多传感器融合、多源异构数据融合、边缘计算分析、VR 双屏显示操作、安全信息交互。

图 4-118 智能穿戴巡检仪

由智能穿戴巡检仪望远镜成像模块，实现近距离人脸识别、广角全景采集、望远高清成像；在区域场景中实现画中画；在复杂场景（黑夜、烟雾）中结合红外光成像和视觉增加技术实现物体可见和分辨。双光融合成像测温，可见光望远整合红外测温光谱叠加像素级融合达到实时高清可辨。

2. 智能安全帽

作为一个全能型安全设备，安全帽由帽壳、帽衬、帽箍、下颌带等附件组成，可以对人的头部起到防护作用，免受坠落物或其他外力的伤害，如图 4-119 所示。

图 4-119 普通安全帽

（1）照明功能。在普通安全帽基本功能的基础上增加两种智能照明功能：一种是聚光灯，能在夜间将光线全部汇聚在作业点上，可以大大提高操作的安全性；另一种是散光灯，可将光线分散，使照明范围变得更广，有利于夜间巡视。

（2）护面功能。安全帽增加护面功能，能更好地防护作业人员的头部、面部不被树枝划伤，而且不会造成勒痕，不阻碍空气流通，穿戴更舒适。

（3）功能拓展。智能安全帽配置了新型智能芯片，支持工单创建、人脸识别、多人通话、语音安全播报、人员定位、作业轨迹跟踪、脱帽报警、危险救援、电子围栏、照片回传、视频直播与回放、后台数据整合分析、智能照明等。智能安全帽如图 4–120 所示。

图 4–120　智能安全帽

安全帽上配置了高清摄像头。每次佩戴安全帽之前，通过安全帽"刷脸"3～5s，摄像头会将工作人员的头像以及对应的姓名传入系统后台，与系统的照片、姓名进行对应，完成"打卡"。安全帽上的摄像头，让安全帽有了远程拍摄、录像、直播等功能。通过 5G、4G 或 Wi–Fi 网络，安全帽可以实时采集巡视、检修等现场的工作实况。

搭载"主动呼救＋被动监测"的全方位安全防护系统，自带"SOS 呼叫"按钮，方便现场人员在遇到突发状况时及时呼救。同时，安全帽还能够实时监测佩戴者的心率、血压，及时发出低氧报警、近电报警，为现场人员在高空作业、近电作业、有限空间作业时提供全方位无死角的安全保护。

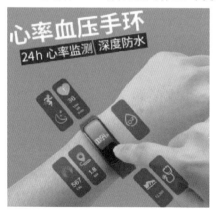

图 4–121　生命体征监测仪

3. 生命体征监测仪

生命体征监测仪高度集成电能、无线通信、心电图、加速度、温度等传感技术，用于电网高危作业人员生命体征实时监测和预警，如图 4–121 所示。

4. 智能攀爬双钩

智能攀爬双钩的状态可以实时监测，实时监控登高作业人员挂钩状态，从而达到规范作业人员安全行为、降低高处作业过程中人员坠落风险的目的，如图 4–122 所示。

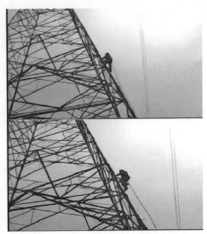

图 4-122 智能攀爬双钩使用

图 4-123 智能 VR 眼镜

5. 智能 VR 眼镜

智能 VR 眼镜广泛应用于电网安全教育培训活动中，实现虚拟现实技术与电力安全教育深度结合，通过模拟各种电力安全事故，让学员身临其境，感受事故危害，取得了传统安全教育难以比拟的效果。智能 VR 眼镜如图 4-123 所示。

6. 性能要求

穿戴式智能设备时代的来临意味着人的智能化延伸，智能可穿戴设备的实现是虚拟/增强现实技术的发展，与电力专业应用软件相结合，有利于改变电力系统传统作业模式，提高作业效率、降低作业风险。智能穿戴设备可有效提高基建安装、运维检修等现场作业的信息化、智能化水平。

智能穿戴设备产业涉及的技术范围较广，包括传感技术、显示技术、芯片技术、操作系统、无线通信技术、数据计算处理技术、提高续航时间技术、数据交互技术等。

（1）传感。完成语音控制、眼球追踪、手势辨别、生理监控（包括心跳、血压、睡眠质量等）、环境感知（如温度、湿度、位置和压力等）等。应用较多的传感器类型有骨传导、音源感测、肌电感测、重力感测、影像感测、陀螺仪、加速度计、磁力计、方向感测、线性加速度感测、光体积讯号变化感测模组、心电图脑波感测模组、眼球追踪感测等。

（2）边缘计算。人机交互输出界面或回馈包括文字显示、数据分析、语音反馈、动态或虚拟影像等，所有这些输出界面的呈现都必须通过内容运算系统分析。智能穿戴设备需要对高清照片、视频、声音、温度数据、测距数据、角度数据、人员信息、设备信息、位置信息、时间信息进行融合，形成完整信息数据链，实现多源异构数据融合。多源数据融合如图 4-124 所示。

图 4-124　多源数据融合示意

（3）定位导航。智能设备宜采用高性能精准定位导航技术，支持北斗、GPS、GLONASS、GALILEO 卫星网，支持差分算法精度改正，达到亚米到厘米级准度。如图 4-125 所示，基于 RTK 技术的智能头盔定位方案是一个高度先进的精密系统，可以在多种应用中提供准确的定位信息。

图 4-125　基于 RTK 技术的智能头盔定位方案

（4）信息交互。智能设备终端采集的数据与后台通信，可通过数字密钥及近场通信（near field communication，NFC）工卡身份识别实现系统登录和使用，保障系统应用安全，通过电力安全加密 TF 卡（含数字证书、安全专控软件等）及专用 SIM 卡，保障数据通信安全，通过对数据进行加密存储，保障系统数据存储安全。

对于智能穿戴设备的应用而言，短距离无线通信技术更适合智能穿戴用户之间、智能穿戴设备与其他便携式电子设备之间的数据通信和信息共享。如图 4-126 所示，智能设备宜支持公网、专网、DMO、APN、Wi-Fi、GPS、蓝牙等网络制式，一机多模可摆脱网络制式对终

图 4-126　适应多种通信网络制式

端使用的限制，满足用户对公网、专网无缝连接覆盖的需求。

（5）续航。在智能穿戴技术里，如何提高设备的续航时间也是关注的重点，也是需要解决的重要问题。主要的解决方法有 3 种：一是从操作系统、芯片、屏幕以及终端互联等方面来减少功耗，在性能与功耗之间找到平衡点；二是增加电池容量，如弯曲电池技术可在缩小电池体积的同时增加电池容量；三是通过无线充电、极速充电、太阳能和生物充电等技术缓解该问题。

4.5.3　应用案例

智能穿戴设备在电力系统开始尝试应用。智能眼镜主要应用于教学、培训方面；智能穿戴巡检仪和智能安全帽多数都是组合在一起应用，构成单兵巡检装备；智能攀爬双钩和智能安全帽一起应用于施工现场。下面仅对智能穿戴巡检仪、智能安全帽等一些组合应用场景加以介绍。

1. 智能穿戴巡检仪应用

夜间巡视人员肉眼观察或采用普通望远镜巡检时，受环境影响很大，不能准确巡视设备运行状况，通过配置有红外光与可见光双光融合的智能穿戴巡检仪，即可很好地完成巡视工作。

（1）望远及全彩夜视。在夜晚实测环境中，可以在有效距离内清晰看到被测目标，成像效果清晰。夜间效果对比如图 4-127 所示。

560m远距离铁塔

夜晚野外场景实况　　　夜晚拍摄实况

图 4-127　夜间效果对比

（2）测高测距。昼夜效果对比如图 4-128 所示。

（3）双光融合。通过红外光与可见光双光融合，进行远距离红外成像测温，如图 4-129 所示。

(a) 白天测距 (b) 夜间测距

图 4-128 昼夜效果对比

(a) 可见光与红外成像远距离测温

可穿戴智能巡检仪

(b) 可穿戴智能巡检仪应用

图 4-129 红外成像测温、可见光、双光融合多场景显示

2. 智能安全帽应用

智能安全帽高度集成电池、无线通信、定位等传感技术，具有低功耗长时间运行特性，主要用于对作业现场人员的作业范围管控，实时监控作业人员所在位置，判断各类作业人员是否擅自出入作业区域等，如图 4-130所示。

图 4-130　智能安全帽
应用于工作现场

（1）安全督查。安全监察人员能够通过安全帽的"千里眼"，以第一视角开展远程监控，实时规范工作流程，把控现场安全，提高人员安全意识，实现远程"云"监督。借助安全帽的视频通话功能，安全监察人员可以与在现场工作的供电员工实时沟通，一旦发现违章行为，就可以通过远程系统将语音提示传入安全帽的耳麦对讲机中，开展安全提醒，如图 4-131 所示。

图 4-131　语音提醒设备配置

（2）远程会诊。如图 4-132 所示，可视化功能实现专家远程在线会诊电力设备"疑难杂症"，缩减工作成本，提升工作质效。

（3）定位作业。内置的精准定位系统可以对作业人员实时定位，并查看他们的历史行动轨迹，获取高度、位置等信息。借助此功能，安全帽还能配合监管人员设置电子围栏，确保作业人员在安全区域内工作。

头戴式红外成像测温仪不再需要手持红外测温仪为电力设备测温，只要启用安装在安全帽上的红外探头和穿戴式智能眼镜，即可实现对设备的精确测温以及数据的智能化

图 4-132　远程专家会诊及
语音沟通（违章督查）

诊断，极大地提高了现场检测工作效率。应用如图 4－133 和图 4－134 所示。

图 4－133　在电缆隧道巡视中应用

图 4－134　在变电站中多场景应用场景展示

第**5**章

协 同 巡 检 模 式

» 5.1　国内外协同巡检应用背景情况 «

变电站设备巡检是运维工作的重要组成部分,也是保证电网设备安全运行的重要措施。传统的巡检方式主要依靠人工,存在很多不足,如劳动强度大、工作效率低、检测手段单一、巡检质量不高等,特别是在雷雨、暴雪等恶劣天气条件下,存在较大安全风险。

随着科技的进步和电网规模的发展,变电站智能巡检机器人、无人机、在线监测装置、高清视频等智能巡检方式大规模应用,以管理精益化、装备智能化、业务数字化、绩效最优化为特征的现代设备管理体系逐步建设,同时也对变电设备巡检工作提出了更高的要求,既要减轻人员劳动强度,又要提高巡检效率和质量。

受到变电站设备设施布局紧凑复杂,巡视区域广、点位多等影响,单一巡检方式不能做到巡检项目全覆盖,存在较多巡检盲点,而多种巡检模式,又存在较多重复巡检现象,因此,多方式协同巡检作业应运而生。

2019 年,国内某公司相关人员基于在线监测系统和移动巡检设备对于电缆本体及通道环境状态感知具有的互补性、交叉性和相关性的特点,提出一种在线监测系统与移动巡检系统相互协同的电力电缆及隧道状态感知方法,通过两者之间的双向协同策略,使其能够在宿主设备故障确认、融合分析和检测系统自检方面相互配合,有效提升电力电缆及隧道运维的智能化水平;新余学院为提高变电站巡检机器人系统的稳定性、可靠性及精度,对多机器人智能巡检系统的构建及关键技术进行分析,基于机器人操作系统(robot operating system,ROS)的多机器人创新开发平台对巡检机器人模型构建、巡检路径动态规划、避障控制算法、环境建模、人–机–环境交互感知等进行实验分析,形成一套面向变电站多机器人智能协同巡检系统的研究方法，为变电站巡检机器人后续的研究提供一定的参考。

2020 年，河北某大学相关学者提出一种机器人工作区域协同搜索避障巡检策略，主要为随机与固定搜索相结合的协同巡检模式，解决工作区域搜索待操作目标的不确定性以及单一策略无法解决障碍物区域多搜索目标遍历与避障的问题，验证随机与固定相结合的区域协同搜索避障巡检策略的有效性。

2021 年，国网某供电公司提出变电站多机器人协同巡检区域划分与路径规划，综合考虑各机器人巡检距离和各区域内巡检节点数量两个因素，对巡检任务完成时间进行计算，选择巡检区域划分最均衡的方案，提高变电站多机器人协同巡检作业效率；某科技公司研究人员基于场地无轨道机器人、场地视频监控和站内环境监控等技术手段所获得的多源数据，开展视频、自动巡检系统多源监控信号协同的变电站智能巡检关键技术研究，研究成果有效提升变电站智能巡检、智能运维、智能安防水平，对保障变电站安全、可靠运行具有重要的实用价值；国网某供电公司相关人员提出了基于机器人和视频监控的变电站多维立体协同巡检技术，构建可靠性视觉识别模型，实现变电站多维立体协同巡检；上海某自动化有限公司为了解决变电站运维人员对运维智能化、可视化、远程化的需求，研究了图像采集、图像识别、红外测温与诊断、智能巡检、智能联动、综合诊断、可视展示等关键技术，开发并应用了一种基于人工智能分析技术的联合巡检系统，包括联合巡检、全面感知、智能联动、诊断分析、综合展示等功能，该系统整合全站多源数据，实现智能巡检、智能操作、智能联动、智能安全的目标，通过优化联合巡检策略并应用到国网智慧变电站项目中，取到了良好效果。

2022 年，某大学相关学者们针对大型变电站巡检作业效率低的问题，利用改进的生物激励神经网络算法和优先级启发式算法，结合基于变切线长的无障碍物区域分割法，提出一种多移动机器人协同全区域覆盖巡检以及多任务点协同巡检的方法。

近年来，在中国电力行业中，以国家电网、南方电网为代表，也正构建"智能机器人（高清视频）＋无人机＋人工巡检"相结合的协同巡模式，以人工智能、图像识别等技术为依托，以"业务数字化、管理规范化、作业智能化"为方向，实现飞行空域管理、巡检计划制定、作业安全监控、数据交互处理、辅助检修决策等业务全过程线上流转，提高缺陷识别分析、数据安全防护及作业全流程管控能力，减少运维人员工作量，降低登高巡视风险，进一步提高电力设备巡检质量和效益。国外也有较多针对协同巡检的研究和报道，如多机器人路径规划和选择、基于神经动力学的多机器人全区域覆盖导航等。

综合国内外协同巡检研究、应用情况，不难看出，协同巡检在巡检全面性、巡检数据分析、巡检效率等诸多方面优势明显。通过协同巡检模式，能够推动巡视由传统的"周期巡、反复巡"向"按需巡、精准巡"以及"人工监控核实"向"智能精准判断"转变，从而实现数据融合分析决策，智能人机交互，构建起"立体、智能、协同"的新体系。

》 5.2　协同巡检基础理论研究 《

5.2.1　多智能巡检系统的协同构建

变电站智能巡检系统正常工作时必然面临高温、高电压、强风雷电等外部恶劣环境，并且工作过程中所遇非结构性环境因素较为复杂。以变电站综合监测技术需求为背景，以变电站多智能巡检系统为研究对象，形成多源异构信息融合→移动节点动态拓扑优化自组网→多智能巡检系统建模的层次递进式的研究路线，具体如图 5-1 所示。

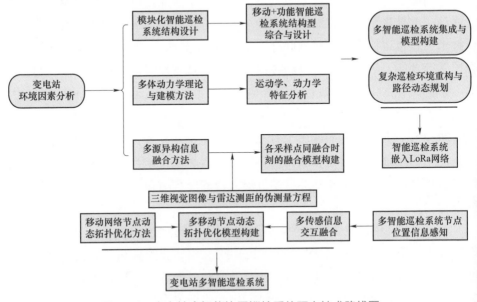

图 5-1　变电站多智能协同巡检系统研究技术路线图

根据变电站实际运行情况及环境，对变电站智能巡检系统现有的技术水平进行分析，同时对其功能需求进行分析，以提高变电站智能巡检系统稳定性、抗干扰能力和精度为目标，应用拓扑优化及信息融合技术对智能巡检系统巡检路径动态规划、避障控制算法、环境建模、人–机–环境交互感知技术进行多智能系统协同构建，主要有以下几个方面的内容。

（1）基于多模态环境信息交互感知的巡检路径动态规划：采用三维视觉图像传感识别与雷达实时测距两类传感器之间校准匹配优化算法，建立多模态环境信息交互感知融合模型，进而分析非结构复杂环境的实时重构方法；构建巡检路径动态跟踪补偿模型，分析基于非结构复杂环境重构模型的自主路径规划与避障控制算法。

（2）移动节点网络结构动态拓扑优化与自组网：采用群体 MANET 路由协议机制、网络动态拓扑模型及路由表实时动态更新等方法；结合各节点的路径动态变化信息与网络节点动态拓扑优化，分析两者信息交互融合的模型构建，进而开展网络拓扑结构变化感知、网络拓扑连接维护及多信道接入等方面的研究。

（3）多智能巡检复杂系统建模：研究单个智能巡检系统之间的局部交互机制和协调控制算法，通过控制器设计、传感器配置及多源信息融合等研究，实现系统之间的信息感知交互；基于动态路径规划、移动网络信息传递、多模态信息交互等技术融合的复杂系统建模方法，实现智能巡检系统全局协调控制。

5.2.2　多智能巡检系统协同构建的关键技术分析

多智能巡检系统的协同构建涉及巡检设备的智能控制以及多种技术，包括通信技术、传感技术、人工智能、数字孪生技术、电力物联网技术、大数据、云计算及智能分析控制技术等的协同应用，使各个智能巡检系统有机结合，大规模、全方位、多手段采集真实设备数据，满足全面掌控设备设施状态的需求。

云–端协同智能技术：该技术以人工智能技术为核心，在业务应用层上以变电站智能巡检系统为物理核心（见图 5-2），主要依赖于云和端两侧的智能化能力，其中，云端智能借助云端大规模数据中心、服务器集群提供的强大并行运算能力及大数据工具进行历史巡检大数据的预处理，再通过图形处理器（GPU）、专用神经网络芯片等智能硬件支持的深度学习计算框架进行设备状态感知、故障诊断、缺陷分析、状态评价、趋势研判；端侧智能则将计算、网络、存储等能力从云端向前端延伸到变电站智能巡检系统本身，借助多种传感器的智能融合、模式识别和视觉即时定位与地图构建（SLAM）等技术手段，利用小型化、低功耗的智能芯片（如 FPGA、NPU 等）实现边缘端的智能推理，支持面向变电站设备的实时性、智能化巡检，使变电站智能巡检系统具备大规模计算、智能化感知、持续性升级的新能力，并使变电站智能巡检系统具备以下特点。

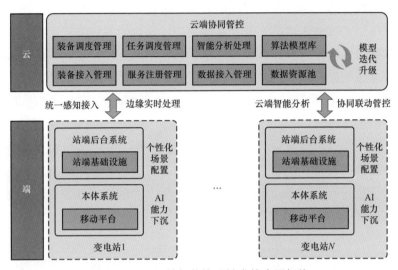

图 5-2　云-端智能协同技术的应用架构

（1）云-端智能兼备，技术深度协同。一方面，现场巡检数据通过端侧变电站智能巡检系统及其搭载的传感检测设备的采集、传输，逐渐汇聚、累积形成海量巡检样本，支持云端深度学习网络大规模训练与智能模型形成；另一方面，深度学习模型通过剪枝、蒸馏、压缩等优化处理，可向资源有限的端侧巡检系统本体迁移，并在机载智能硬件的支持下进行实时推理与分析。

（2）业务系统交互，智能装备联动。通过与其他变电生产业务系统建立联通接口，实现业务、数据的共享与交互，云-端协同支持的变电站智能化巡检系统既具备运检业务辅助决策能力，也具备面向边缘侧变电站室内外多智能巡检系统的智能决策管控能力。

（3）服务巡检领域，支持扩展延伸。云-端智能协同技术是以变电站智能巡检为业务场景，以变电站智能化巡检系统为云端大规模推理分析引擎，通过云-端智能协同运作，实现变电站设备巡检、故障数据分析、缺陷智能诊断、状态趋势预测等核心功能。

多源异构传感信息融合技术：面向复杂环境重构与机器人个体定位的三维视觉图像信息、雷达实时测距两者之间的传感信息在数据类型、信息传递方式以及同步性方面具有本质的差异。两者多源异构信息融合是实现非结构复杂环境下变电站巡检路径动态规划及定位的关键。

多智能巡检系统自组网多节点动态拓扑优化技术：由于一些特殊环境的影

响，大大降低通信距离，且网络通信安全受到严重影响。以多智能巡检系统中的单个个体作为节点，根据复杂环境及时感知节点的变化与网络连接的安全可靠性，关键在于解决多智能巡检系统自组网多节点动态拓扑优化这一关键技术问题。

多智能巡检系统多信息特征提取与融合技术：单个系统的控制器设计、传感器配置以及多智能巡检系统之间的信息交互机制和协调控制算法是实现多智能巡检系统构建的基础。

》 5.3　协同巡检应用技术 《

5.3.1　总体技术需求

电力系统输变电部分、线路和变电站长期暴露在野外，具有极大的安全隐患。为防止大规模电网事故发生，需要定期对输电线路和变电站进行巡检。以往变电站的巡检工作主要依靠人工作业，由人工"统一收集、统一处理"的模式导致数据生产、传输、处理环节分离，而形成更大的信息壁垒、误判、漏判。随着科技的发展与进步，巡检方式数字化、智能化水平逐步提升，一些传统的监控、巡检系统得到升级，同时越来越多的智能巡检方式应用于巡检工作。由于种种条件限制，单独一种巡检方式仍然存在较大的监控盲区，很难真正满足巡检全方位覆盖的要求。在数据量和任务量都大大增加的情况下，单一巡检方式作业的效率显得更为低下，因此需要实现多方式协同巡检作业，通过智能化巡检手段的综合应用来提升巡检质量和巡检效率。

智能巡检机器人具备自主导航功能，可根据巡视任务自动规划最优路径，支持通过红外图谱分析获取图中目标设备的温度信息，具备实物 ID 识别功能，具备巡视点位管理功能，支持接收巡视主机联动信号，自动生成巡视任务。

变电站巡检机器人正常工作时必然面临高温、高电压、强风雷电等外部恶劣环境，并且行进路径中所遇非结构性环境因素（如障碍物）较为复杂。然而又缺乏行之有效的变电站巡检机器人系统人–机交互、机–机交互及机–环交互的信息融合方法，严重影响了其系统的稳定性、可靠性、高精度。针对上述问题对变电站巡检机器人共融技术及协同控制的关键技术问题进行分析，利用多模态环境信息交互感知、多机器人移动节点网络结构动态拓扑优化与自组网对巡检机器人复杂系统构建，形成一套面向变电站多机器人智能协同巡检系统的研究方法。

无人机巡检可适用于变电站场景，与边缘计算等结合后，能够克服变电站复杂环境的影响，实现无人机变电站自主巡检。无人机搭载可见光、红外、紫外传感器，通过精准导航定位、固化巡检作业路径、规范拍摄方法、深化巡检影像智能处理等技术，提高无人机巡检效率和质量。

视频监控系统用于监控变电站内重点区域，在重点区域重点布控，应用视频监控系统实现实时视频监控、录像回放、摄像头远程控制、视频分析、摄像头管理等功能；另外每个保护小室内配置的球形摄像机，采用移动导轨方式，可以在保护小室的一侧至另一侧自由移动，以便能够监视到小室内每面屏柜的实际情况。

在线监测系统可对变电站内一次设备的运行状态进行实时监测，通过对在线监测数据连续或周期性地采集、处理、诊断分析及传输，实现对设备运行状态的评估，提高设备运行的可靠性，包括变压器油色谱、变压器声纹、断路器机械特性等监测。

将智能巡检机器人、无人机、高清视频、在线监测、数字孪生等技术手段相结合，互为补充，充分利用不同技术融合，综合分析不同系统采集的数据，实现设备的故障主动预警、缺陷自主识别等功能，结合数字孪生 3D 建模技术，可以构建一个全方位、无死角的立体化巡检体系，实现变电站运维的自动化、智能化。

5.3.2　多终端设备的协同巡检

5.3.2.1　数据协同采集功能

1. 巡视数据采集

巡视数据采集是指应用机器人、摄像机、红外热成像摄像头等方式联合采集巡视数据，巡视数据包括可见光视频及图像、红外图谱等，具体如下。

（1）可见光视频及图像数据采集要求。

1）采集 SF_6 压力表、开关动作次数计数器、避雷器泄漏电流表、油温表、液压表、有载调压挡位表、油位计等表计示数。

2）采集断路器、隔离开关等一次设备及切换把手、连接片、指示灯、空气断路器等二次设备的位置状态指示。

3）采集设备设施的外观等状况。

4）具备夜间采集视频及图像功能。

（2）红外图谱数据采集要求：采集设备本体、接头、套管、引线等重点部位的红外图谱数据，红外热成像摄像机支持框测温和点测温。

其中巡视数据采集过程中，不同重要性点位采取不同监测方案，针对Ⅰ类巡视点位应实现巡视全覆盖，关键巡视点位应实现冗余设置，采用不同角度摄像机和巡检机器人进行关键点位全方位无死角监测。Ⅰ类巡视点位是指开展人工例行巡视时，必须查看状态的设备部位，主要为设备外观、各类表计部位等。Ⅱ类巡视点位是指开展熄灯巡视时，必须查看状态的设备部位，主要为需要测温的部位，以及中性点电抗器及套管相关外观类点位。Ⅲ类巡视点位是指因可能影响设备安全运行而需要增加查看的设备部位，主要为本体或套管声音、在线监测装置管路、部分中性点电抗器及套管末屏测温等。不同巡检终端数据协同采集如图 5-3 和图 5-4 所示，巡检机器人在例行巡视中，除采集表计读数等基本数据外，巡视点位应能覆盖视频摄像头未能覆盖区域，针对关键点位，机器人和摄像头均监视不到的区域，应根据实际情况加装卡片机等装备进行补位。

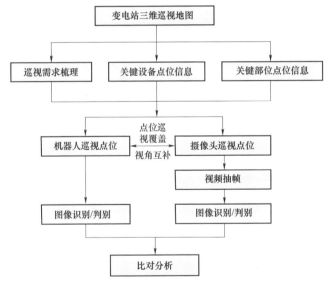

图 5-3　多巡检终端数据协同采集

2. 状态数据采集

状态数据是指支持采集视频摄像机、硬盘录像机的工况信息，包括设备在线状态等，确保前端数据采集装置能够正常完成巡视及数据采集工作。

5.3.2.2　实时监控功能

1. 巡视情况监控

巡视情况实时监视是指以监控平台为媒介进行画面实时查看和存储。

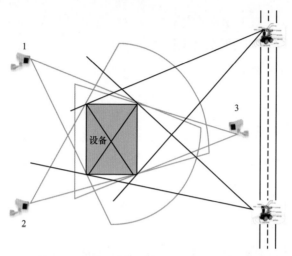

图 5-4 多巡检终端数据协同采集示意图

巡视情况实时监控功能如下：

（1）管控平台能够以树形列表方式显示本单位设备资源信息，不同用户根据权限显示不同资源信息，以不同图标显示不同设备类型。

（2）按照在线、离线等过滤视频监控设备。

（3）通过树形导航调阅高清视频和机器人画面。

（4）1/4/9/16/全屏等多种方式显示视频画面，并提供关闭单个画面和关闭所有画面等功能。

（5）可在任何分屏模式下对某个画面全屏显示或退出全屏显示。

（6）多画面轮巡及画面显示。

（7）在调阅实时视频时手动抓图或手动录像本地监控终端。

2. 设备状态实时监视

设备状态实时监视是指按照数据采集区域分工对设备状态进行实时监控。

（1）支持变电站内作业区域的动火热源检测区域监视。

（2）支持主变压器、开关柜、电抗器类等重点设备周边的烟雾、火焰监视，并能在告警时进行抓拍、录像等操作，查看实时状况。

（3）支持气体继电器、压力释放阀、主变压器温度表、调压开关挡位、冷却器油流继电器等位置监视。

（4）支持空气绝缘开关设备（air insulated switchgear，AIS）分合闸位置、GIS 分合闸位置指示器等监视。

3. 巡视设备状态监控

前端巡检装置正常运行是保证变电设备状态信息采集的前提条件。

（1）高清视频状态监控功能如下：

1）对摄像机、硬盘录像机的状态监控，包括设备的在线状态等工况信息。

2）对硬盘录像机的存储状态监控，包括总容量、已用容量、已用百分比等。

3）对摄像机图像的质量信息监控，包括信号丢失、图像模糊、对比度低、图像过亮、图像过暗、图像偏色、噪声干扰、条纹干扰、黑白图像、视频遮挡、画面冻结、视频剧变、视频抖动、场景变更等。

4）云台控制、预置位控制、可见光视频控制、红外视频控制、音频控制等控制功能。

（2）对于配备巡检机器人的变电站，对机器人的状态监控功能如下：

1）机器人状态信息显示，包括运行、通信状态、电池状态、机器人模块、环境状态及控制状态等信息。

2）巡视地图样式宜采用特高压变电站电气平面布置图，应保留道路、设备区、主控室、保护室等主要区域。

3）巡视主机与机器人断开通信连接后，机器人仍能正常启动定时巡视任务功能，且巡视主机要向主站系统主动发送机器人通信连接断开状态数据。

4）机器人控制功能应符合 Q/GDW 11513.2—2016《变电站智能机器人巡检系统技术规范　第 2 部分：监控系统》中 6.3.2 的规定。

5）云台控制操作，包括上、下、左、右等云台转动与云台升降控制功能，以及云台预置位的设置与调用功能。

6）机器人自检、远方复位、一键返航等控制功能。

5.3.2.3　数据协同分析功能

1. 图像识别功能

变电设备运行环境复杂，根据站端实际需求调研，典型外观识别分析场景涵盖缺陷识别、安全风险、状态识别、一键顺控等不同大类。

（1）缺陷识别类：采用图像识别技术识别设备外观类缺陷，识别表盘模糊、表盘破损、外壳破损、绝缘子破损、地面油污、呼吸器破损、箱门闭合异常、挂空悬浮物、鸟巢、盖板破损或缺失等 10 类缺陷；宜支持识别绝缘子裂纹、部件表面油污、金属锈蚀、门窗墙地面损坏、构架爬梯未上锁、表面污秽等 6 类缺陷。

（2）安全风险类：采用视频识别技术实时识别安全风险类缺陷，缺陷类别包括越线/闯入、未戴安全帽、未穿工装、吸烟、烟火识别、小动物识别、积水监测。

（3）状态识别类：采用图像识别技术识别设备状态类缺陷，缺陷类别包括表计读数、油位状态、硅胶变色、连接片状态。

（4）一键顺控类：采用图像识别技术对开关类设备的分闸、合闸及分闸、合闸异常状态进行识别。

2．图像判别功能

应支持设备异常的判别功能，异常包括：箱门闭合、消防设施位置、隔离开关分合、表计读数的大幅值变化、设备破损、画面异物位置、指示灯/开关压板位置、设备装置位置、断路器分/合闸位置指示不正确、隔离开关位置指示不正确、设备螺栓倾斜、水平尺测量构架倾斜、风化露筋、基础沉降、管形母线伸缩节变形等变化。

3．协同分析功能

通常情况下，针对油污类、设备外观变形类缺陷，由于缺陷形态复杂或微小形变缺少参照物等情况，基于深度学习的图像识别分析效果不佳，误检、漏检情况严重，因此考虑结合图像识别和图像判别各自优点，制定协同分析策略，减少漏检和误检情况发生。典型缺陷如表5-1～表5-3所示。

表5-1　　　　　　　识 别 典 型 缺 陷

序号	缺陷类型	缺陷名称	缺陷表现
1	缺陷识别	表计破损	表计破损
2			表盘模糊
3			外壳破损
4		绝缘子破损	绝缘子破损
5		渗漏油	地面渗漏油
6			部件表面油污
7		金属锈蚀	金属锈蚀
8		呼吸器破损	呼吸器破损
9		箱门闭合异常	箱门闭合异常
10		异物	挂空悬浮物
11			鸟巢
12		盖板破损或缺失	盖板破损或缺失
13	安全风险	越线/闯入	越线/闯入
14		未穿安全帽	未穿安全帽
15		未穿工装	未穿工装
16		未佩戴安全绳	未佩戴安全绳
17		吸烟	吸烟

序号	缺陷类型	缺陷名称	缺陷表现
18	状态识别	表计读数异常	表计读数异常
19		油位状态	油位状态
20		硅胶变色	硅胶变色
21		压板状态	压板分
22			压板合

表 5-2　　　　　判 别 典 型 缺 陷

序号	缺陷类型	缺陷表现
1	缺陷识别	位置指示不正确
2		倾斜
3		沉降
4		变形
5		风化露筋

表 5-3　　　　　识别＋判别典型缺陷

序号	缺陷类型	缺陷名称	缺陷表现
1	缺陷识别＋判别	渗油	设备有轻微渗油，未形成油滴
2			设备表面有渗油油迹，未形成油滴
3			非负压区渗油

5.3.2.4　智能联动功能

智能联动功能指不同系统间能够基于固有协议进行通信，进行协同动作，要求如下：

（1）主设备遥控预置信号、主辅设备变位信号、主辅设备监控系统越限信号和主辅设备监控系统告警信号的联动功能，主辅监控系统向巡视主机以及巡视主机向主辅监控系统发送联动信号功能。

（2）巡视主机接到联动信号后，根据配置的联动信号和巡视点位的对应关系，自动生成巡视任务，由机器人或视频对需要复核的点位进行巡视。

（3）实时监控画面辅助人工开展核查工作，支持联动信号的实时监控画面链接快捷跳转功能，联动过程中保持一组画面全景展示联动设备状况。

（4）机器人或视频完成复核点位巡视后，可在巡视主机查看复核结果。

（5）辅助设备站端监控系统接收主设备监控系统联动信息，消息建议采用

UDP 协议，报文格式应按照 CIM/E 语言格式规范。主辅设备联动信息统一通过辅助设备监控主机传送给巡视主机。

（6）辅助设备监控主机与巡视主机通过 Ⅱ 区与 Ⅳ 区之间正向隔离装置通信，采用 100Mbit/s 或更高速率工业以太网 RJ-45 接口通信。巡视主机接收辅助设备监控主机的联动信息，消息建议采用 UDP 协议。

通过"机器人深化应用、高清视频功能升级、无人机巡检以及主辅设备智能联动"等手段，将大数据分析、人工智能、图像识别、自动导航技术应用于变电站设备、生产环境的多维度高清远程立体智能巡视，实现各系统数据全维贯通，强化设备状态管控力，建立自动巡视为主、人工巡视为辅的人机协同巡视机制，实现设备巡视高效开展，机器巡视全面替代人工例行巡视，全面提升变电巡视作业管理水平。

本小节提出了多谱段协同巡检框架以及协同巡检功能，一是包括可见光谱和红外光谱多谱段光谱协同巡检，通过巡检机器人、高清视频摄像头、红外热成像摄像头等视频图像采集装置实现联合巡检。二是基于识别和判别的巡检影像协同分析，基于不同场景特点采用不同技术路线，降低实际应用过程中的误告警和漏告警，最大程度发挥多谱段巡检的质效。其中，多谱段光谱协同巡检的主要分析单元为巡视主机，通过巡视主机下发控制、巡视任务等指令，由机器人主机和视频主机分别控制机器人和摄像机开展室内外设备联合巡视作业，将多光谱巡视数据、采集文件等上送到巡视主机；巡视主机对采集的数据进行智能分析，形成巡视结果和巡视报告，及时发送告警。此外提出了同时具备实时监控、与主辅监控系统智能联动等功能，在充分利用前端巡检终端资源的基础上，为不同业务间联合开展提供了极大便利。

5.3.3　机器人＋无人机＋高清视频立体巡检

5.3.3.1　巡视应用背景及需求

通过"机器人深化应用、高清视频功能升级、无人机巡检以及主辅设备智能联动"等手段，将大数据分析、人工智能、图像识别、自动导航技术应用于变电站设备、生产环境的多维度高清远程立体智能巡视，实现各系统数据全维贯通，强化设备状态管控力，建立自动巡视为主、人工巡视为辅的人机协同巡视机制，实现设备巡视高效开展，机器巡视全面替代人工例行巡视，全面提升变电巡视作业管理水平。

打通机器巡视与人工巡视壁垒，实现巡检任务的统一管理、智能分解和自动推送，改变人机分离作业为人机协同作业。根本解决可见光及红外等不同巡视设备的技术融合，融合不同巡视系统的数据，实现对设备状态的深度感知，满足不同业务场景的需求。

5.3.3.2　建设方案

变电站三维立体智能巡视主要由远程智能巡视系统、远程智能巡视集中监控系统、人机协同巡视应用组成，远程智能巡视系统部署在站端，巡视主机下发控制、巡视任务等指令，由机器人和摄像机、无人机开展室内外设备联合巡视作业，并将巡视数据、采集文件等上送到巡视主机；巡视主机对采集数据进行智能分析，形成巡视结果和巡视报告传至集控站远程智能巡视集中监控系统。远程智能巡视集中监控系统采用 B 接口上传视频流至统一视频平台。总体架构如图 5-5 所示。

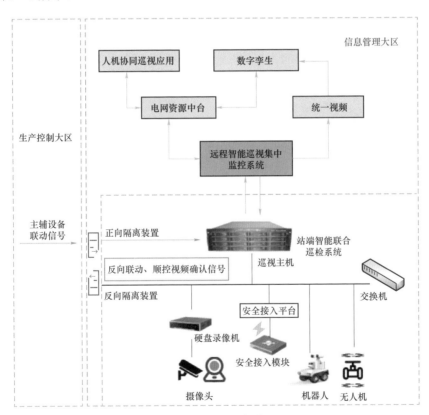

图 5-5　总体架构

变电站远程智能巡视系统用于辅助运维人员远程开展站内设备巡视工作，部署在变电站端，由巡检机器人、高清摄像机、无人机等前端感知设备和远程智能巡视主机组成，主要具备变电设备缺陷就地智能分析、静默监视、智能联动和三维展示等功能，实现巡视任务三维实时监控，如图 5-6～图 5-8 所示。

图 5-6　高清视频巡视

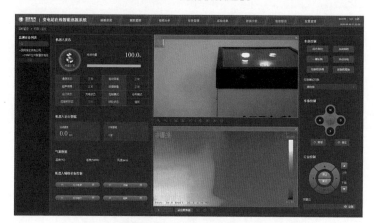

图 5-7　机器人巡视

图 5-8　无人机巡视

视频监控：实现视频设备的列表展示、分屏切换、远程云台控制、预置位调用、手工抓图录像。

机器人监控：实现机器人的状态数据、运行数据、微气象数据、可见光和红外视频采集、远程控制功能。

无人机监控：对变电站的主设备、架构支架、避雷针、房屋以及围墙周界等进行检查，发现人眼无法辨别的高处隐蔽缺陷。

5.3.3.3　功能实现

人机协同：打通机器巡视与人工巡视壁垒，实现巡检任务的统一管理、智能分解和自动推送，改变人机分离作业为人机协同作业，实现以机器自动巡视为主、人工巡视为辅的日常巡视维护新模式，降低人工巡视频次，为基层运维人员减负增效。

云边协同：以人工智能平台为云端，以远程智能巡视系统为边端，全面实现样本自动搜集、算法自动训练和更新、缺陷就地识别等云边协同的机器自动巡视功能，全面支撑"自动巡视为主，人工巡视为辅，机器巡视全面替代人工例行巡视"的巡视机制建立。

业务贯通：基于 PMS3.0 架构体系，以电网资源业务中台为巡视唯一数据源，融合巡视全流程数据，实现巡视计划、任务、结果记录等的统一汇总管理，贯通生产与管理业务，实现巡视业务的高效协同管理。

移动作业：基于公司统一移动门户和服务支撑体系，实现移动巡视应用全覆盖。结合实物"ID"、语音、图像识别等智能手段，推进人–设备–装备–系统有机互联，打通现场信息交互"最后一公里"，提高移动作业应用质效。

5.3.4　变电站数字孪生系统巡视

5.3.4.1　巡视应用背景及需求

2020 年，随着电网资源业务中台全面推进建设，逐步实现物理设备、自动化系统和信息系统的互联互通，"数字孪生"技术开始具备了充分应用条件，通过"物理变电站"和"数字变电站"融合，用数字化技术来感知、理解和优化现实世界变电站，将基础设施和数字化建设紧密结合起来，在云端实现变电站经营管理、生产运行状态的实时在线，形成变电站三维全息场景的全景监控、多维业务系统数据融合和空间视野赋能交互的完整闭环，从而显著提升变电站数字化、智能化水平。

建设可虚拟巡视的数字孪生变电站，全面覆盖一、二次设备监视，借助可视化、全景化、智能化技术为智慧变电站增值赋能，实现设备全景状态实时在线、运检监控人机智慧协同、故障隐患及缺陷主动识别主动防御，显著提升智慧变电站数字化和智慧化水平。

5.3.4.2　建设方案

数字孪生变电站建设遵循以下四个原则。

先进性：系统设计采用先进的概念、技术和方法，同时注意结构、设备、工具的相对成熟，使系统具有较大的发展潜力。

实用性：系统的设计突出应用，以现实需求为导向，以有效应用为核心，确保系统能有效服务于变电站的工作需要。

扩展性：为适应变电站业务的不断变化，系统可方便地扩展设备数量；设备的安装使用也尽量简便，便于维护；平台系统预留了大量接口能根据实际需求增加新功能。

安全性：系统设计开发的过程中，对数据采取严格的加密手段，同时对设备安全采取了一系列的防范措施，保证系统运行以及数据传输储存的安全性。

建设架构如下，总体架构如图5-9所示。

感知层：由各类物联网传感器组成，分为防类IOT设备、巡检类IOT设备、微气象IOT设备、开关类IOT设备、表计类IOT设备，实现传感信息采集和汇聚。通过主/辅设备监控系统、在线智能巡视系统、全站三维及激光点云信息采集，实现对设备状态、环境信息、视频图像、空间全景和作业数据等信息的采集、接入与集成。

网络层：由电力光纤网、电力APN通道等通信通道及相关网络设备组成，为电力设备物联网提供高可靠、高安全、高带宽的数据传输通道。

平台层：主要是接入站端的各级业务平台，包括集控站监控系统、资源业务中台、数据中台、统一视频平台，同时资源业务中台与数据中台交互完成数据接入。

应用层：实现场景重构、数据融合、智能联动、视野管理、远程管控五大模块，建立全景监控、设备管理、巡检管理、检修管理、安防管理、消防管理、作业风险管理、应急管理、环保监测九大业务服务。

5.3.4.3　功能实现

通过数字孪生技术，围绕"人、设、环、测、时、空"六大要素，由实入虚将物理变电站进行数字化还原，生成变电站的数字孪生体，实现变电站各系统数据融合，推动变电站管理全要素数字化，如图5-10所示。

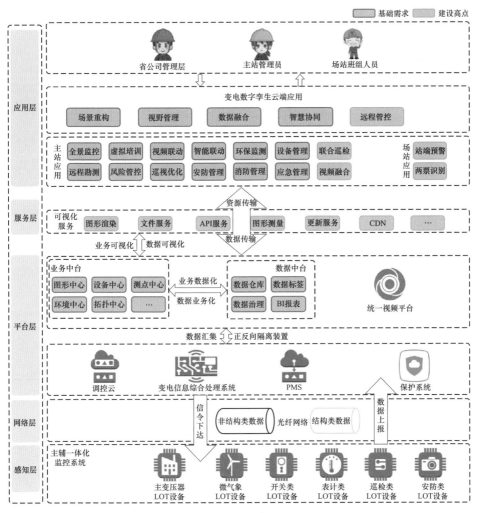

图 5-9　总体架构图

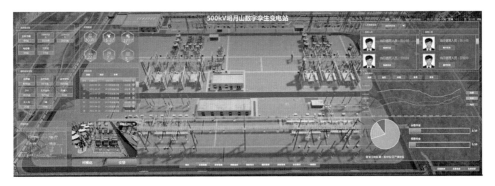

图 5-10　变电站全景数字孪生

1. 设备全景状态实时在线

以电气设备为中心，从业务中台获取电气数据、台账数据、巡检机器人数据、在线监测数据等，从统一视频监控平台获取视频流及云台操控信息，形成自动化、信息化融合的数字化全景。通过接收设备异常告警数据，实时定位并着色高亮显示当前告警设备，实现其场景、数据、告警的可视化。

2. 故障主动识别防御

应用信息、通信和人工智能新技术，实现多维智能联动，根据主控、辅控、在线智能巡视数据进行综合智能分析，实时诊断、研判设备健康状态以及异常趋势，及时预警风险提示，以及引导机器人自动规划路径，自动执行整个巡检过程。

3. 运检监控人机智慧协同

通过变电站内智能巡检机器人、高清摄像机等设备，借助图像识别技术，实现变电站设备监视全覆盖，并根据不同需要，制定相应的巡视任务，完成变电站设备巡视工作，实现机器巡检与人工巡检的智能协同，提高巡检效率。

4. 虚拟巡检

设置虚拟巡检的任务内容、任务时间、巡检点位及路径等，将创建的任务派发给人员执行，人员通过任务内容进行虚拟巡检，巡检过程中发现问题，通过填写问题进行问题上报，巡视完成后，自动生成巡检报告。管理人员可对虚拟巡检报告进行查看，如图 5-11 所示。

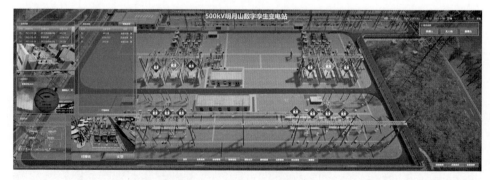

图 5-11　变电站虚拟巡检

5.3.5　变电站人机协同巡检及移动作业应用

5.3.5.1　巡视应用背景及需求

电网公司开展变电人机协同巡视应用建设，重点解决现场巡视业务痛点问题，贯通机器人、高清视频、移动端、远程智能巡视系统、电网资源业务中台及人工智能平台等之间的业务流、数据流，实现任务安排、作业准备、巡视执行、记录上报全过程，基于业务中台无缝衔接，建立自动巡视为主、人工巡视为辅的人机协同巡视机制，实现设备巡视高效开展，机器巡视全面替代人工例行巡视，全面提升变电巡视作业管理水平。

分析现场作业痛点，开展变电运维、检修等移动应用功能，涵盖验收、运维、检修等常用业务模块，充分发挥移动作业优势，全面提升移动应用的实用性与易用性、现场作业管控能力以及现场作业分析能力。

人机协同巡检应用需求如图 5-12 所示。

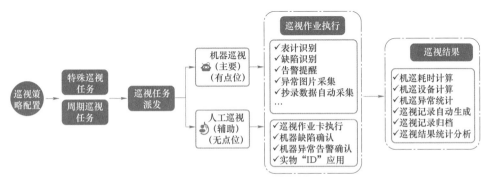

图 5-12　人机协同巡检应用需求

人工巡视方面，基于移动 APP 实现任务安排、作业准备、现场执行全过程线上流转；基于巡检策略实现巡检任务自动生成及派发；结合实物"ID"、语音等智能手段，实现移动作业智能化。

机器巡视部分，实现蓄电池抄录、SF_6 压力表计以及红外测温等带电检测的机器全替代，实现以机器巡视为主、人工巡视为辅的日常巡视维护新模式，为基层运维人员减负增效。

结合集控站监控系统建设和变电站远程智能巡视系统建设，全面推广变电人机协同巡检建设，不断完善变电人机协同巡检体系。通过缺陷样本库的积累，不断迭代智能识别算法，提高机器的缺陷等图像识别精度，提高机器巡视的可靠性，进一步提高人机协同巡视中机器作业的占比。深化与智能仪器的对接，实现与更多类型检测仪器的集成，提高检测结果自动抄录的应用率。加强大数据、知识库、图像识别等技术应用，对巡视数据进行分析，自动判断巡视结果是否异常。

5.3.5.2　建设方案

基于 PMS3.0 顶层设计方案，开展变电人机协同巡视应用建设，系统横向贯通管理信息大区、互联网大区，纵向覆盖感知层、网络层、平台层和应用层，依托电网资源业务中台、数据中台、人工智能平台，集成远程智能巡视集中监控系统、辅控系统和检测仪器等，实现人、机、设备、装备互联互通，建设高效协同、管理智能的人机协同巡视应用，总体架构如图5-13所示。

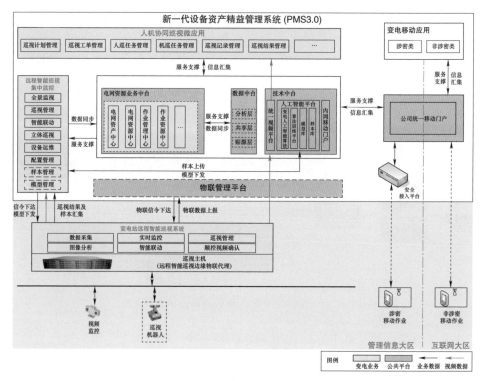

图5-13　总体架构

运维人员可基于人机协同巡视应用编制巡视计划，并同步自动生成工单，通过业务中台派发给远程智能巡视主子站系统与现场人员的移动终端，全面开展以"机器巡视为主、人工巡视为辅"的人机协同巡视作业。

智能机器人、视频监控设备、移动作业终端等多终端的巡视结果统一汇总至业务中台，支撑人机协同巡视微应用深入开展巡视结果统计、分析与告警推送等相关业务。

边端的缺陷样本自动归集至人工智能平台，支撑图像识别算法训练，更新后的算法自动下发至边端，就地快速高效识别设备外观缺陷，支撑实现"机器智能巡视"。

PC端应用：主要由网关服务、基础服务、PC端设备专业工作台、作业管理、数据持久化管理组成。网关服务统一对外提供安全可控的访问；基础服务主要由注册配置服务、权限代理服务等组成，提供基础运行支撑；PC 端设备专业工作台、作业管理均采用微服务架构和容器化部署方式；数据持久化管理主要由 PostgreSQL 数据库、Redis 缓存库、搜索引擎库和非结构化平台组成，提供关系数据和非结构化数据的存储。统一权限、注册中心、配置中心、消息服务、负载均衡统一由云平台提供后接入。PC 端应用架构如图 5-14 所示。

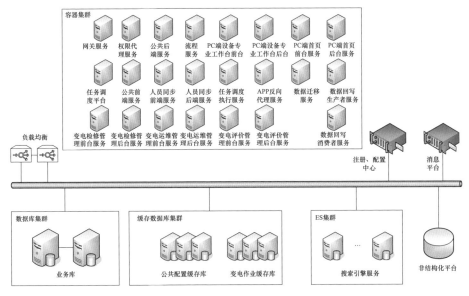

图 5-14　PC 端应用架构

移动端应用：内外网移动应用分别部署在内网移动商店（MIP2.0）及"i 国网"中，跨区代理服务基于一体化"国网云"平台部署。微服务以容器的方式通过云服务中心部署在 kubernetes 集群中，数据库采用物理机方式部署。移动端应用架构如图 5-15 所示。

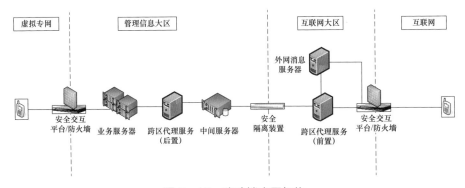

图 5-15　移动端应用架构

5.3.5.3 功能实现

PC 端应用：人机协同及移动作业应用部署由网关、微应用集群、微服务集群、数据库组成。网关负责请求路由转发、负载均衡、权限认证功能；微应用群提供前台页面与用户交互；微服务集群由多个微服务组成，负责主要业务逻辑提供前台调用或互相调用；数据库层由多种类型数据库组成，业务库存储系统运行业务数据，缓存库存储会话信息、权限信息等，搜索引擎库存储非结构化数据、日志数据等。统一权限、注册中心、配置中心、消息服务、负载均衡统一由云平台提供后接入。PC 端功能界面截图如图 5-16 和图 5-17 所示。

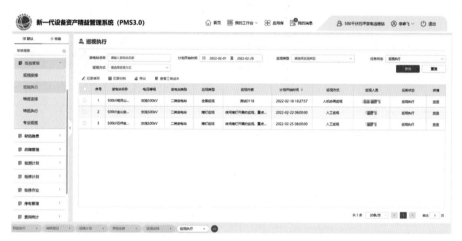

图 5-16　PC 端功能界面截图（人机协同）

图 5-17　PC 端功能界面截图（移动作业）

移动端应用：外网移动应用采用跨区代理服务调用模式，通过安全交互平台进入互联网大区及跨区代理服务直接调用管理信息大区的中台服务或应用服务的方式，将数据存储于管理信息大区数据库，保证互联网大区数据不落地，数据源唯一。移动端应用界面如图 5-18 所示。

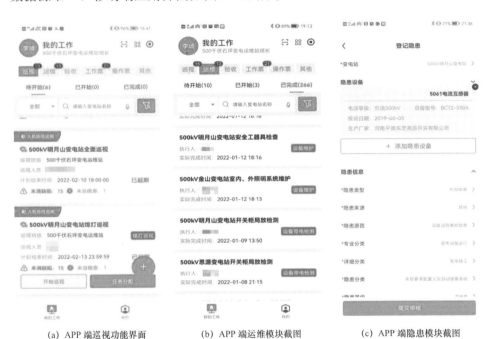

(a) APP 端巡视功能界面　　　(b) APP 端运维模块截图　　　(c) APP 端隐患模块截图

图 5-18　移动端应用界面

第**6**章

标准化智慧巡检

≫ 6.1 概 述 ≪

2019 年，国内两大电网公司提出变电站远程智能巡视系统的概念，逐步开展远程智能巡视系统建设。远程智能巡视是智慧巡检的初阶应用，其在变电站端部署巡视主机、智能分析主机，接入高清视频、机器人、无人机等巡检设备，贯通系统数据，实现巡检范围交叉覆盖，消除巡检盲区。利用图像智能分析识别技术，定时进行图像采集、分析、比对，智能识别设备外观异常变化、环境异常及人员行为异常等，提升巡检质量，由远程智能巡视替代现场人工例行巡视，将传统的"例行巡视、专业巡视、熄灯巡视、特殊巡视、全面巡视"等五类巡视简化为"智能巡检+全面巡视"，可将巡视工作量减少 80%以上。

远程智能巡视系统在建设中仍然存在部分问题。一是系统装备技术要求不统一，无人机、轮式机器人、轨道机器人等相关装备缺少专门的标准规范，涉及的国家标准、行业标准、企业标准要求不一致，存在较多分歧，对智能巡检系统建设造成了一定困扰；智能巡检机器人、摄像头设备厂家较多，设备质量参差不齐，亟须建立统一的标准，为智能巡检系统装备提供标准支撑。二是缺少系统建设和维护要求，系统建立后存在维护不到位、设备故障率高等问题，极大地影响了智能巡检系统的使用效率；机器人存在技术标准不统一、入网要求较低、摄像头图像识别不清晰、图像分析识别技术智能程度不高等问题。

≫ 6.2 标准化巡检 ≪

6.2.1 标准化现状

自 2020 年起，两大电网公司逐步开展变电站远程智能巡视系统的建设试点，在不断的建设和探索中陆续出台了相关技术规范及管理规定，对变电站远程智能巡视系统的系统架构、基本要求、功能要求、性能要求、系统接口、系统信息安全要求进行了整体规划，对变电站智能机器人、无人机、视频监控及声纹监测装置的入网检测、验收标准、运行管理规定等内容进行了标准制定，确保远程智能巡视系统建设实用实效。2021 年，远程智能巡视系统实现特高压变电站全覆盖，初步实现大型充油设备"机巡为主、人巡为辅"的巡视模式。电力系统已经总结出一套标准化智慧巡检模式，预计到"十四五"末，大部分 35kV 及以上电压等级的变电站将逐步完成远程智能巡视系统建设。

6.2.2　标准化巡检模式

特高压变电站构建了"高清视频＋巡检机器人＋无人机"全方位立体巡检模式，全面部署声纹装置覆盖变压器、高压电抗器等主设备，确保特高压设备巡视配置最优、运行状态监控强度最高。重要 750kV 变电站参照特高压站执行。500（330）kV 变电站按需部署无人机和声纹监测装置，以关键设备为导向，充分利用高清视频、巡检机器人巡视技术，确保变电站设备高效稳定运行。220kV 及以下变电站部署高清视频覆盖重点设备，以规模化、实用化、节约化为原则，按需部署机器人、无人机、声纹监测装置。

6.2.3　标准化巡检系统

主要由巡检主机、智能分析主机、轮式机器人、挂轨机器人、摄像机、无人机及声纹监测装置等组成。巡检主机下发控制、巡检任务等指令，由机器人、摄像机和无人机开展室内外设备联合巡检作业，并将巡检数据、采集文件等上送到巡检主机；巡检主机与智能分析主机对采集的数据进行智能分析，形成巡检结果和巡检报告。巡检系统应具备获取与巡检相关的状态监测数据与动力环境数据、与主辅设备监控系统智能联动等功能。当智能分析主机布置在站内时为单站型布置，智能分析主机布置在集控站时为区域型布置。系统架构如图 6-1 所示。

6.2.4　标准化巡检功能

标准化巡检系统应具备如下功能。

1. 数据采集功能

标准化巡检系统具备运行环境数据采集、巡视数据采集、系统自身状态数据采集三项数据采集功能，实现对设备的全方位状态数据采集。通过微气象设

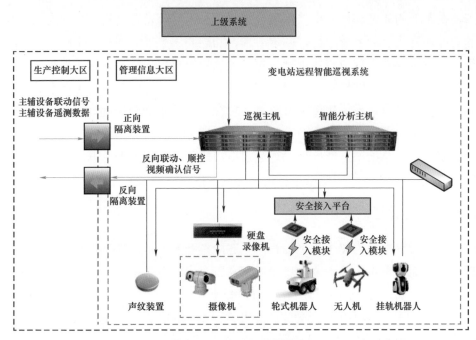

图 6-1　巡检系统架构图

备采集室外大气温度、大气湿度、风速、风向、雨量、气压等微气象数据。通过动环设备采集室内温湿度和 O_2、SF_6 等气体监测数据。通过机器人、无人机、摄像机、声纹监测、设备状态监测等方式联合采集可见光视频及图像、红外图谱、音频等巡视数据。通过系统采集机器人、无人机、摄像机、硬盘录像机的状态信息，摄像机、硬盘录像机包括工况信息、设备在线状态、存储状态等数据，机器人及无人机包括运行信息、任务执行信息、工作状态、异常告警信息等数据。

2. 任务管理功能

标准化巡检系统具备自由设定巡视任务的功能，按照要求对设备开展相关巡视工作。能够根据巡视要求自由设置检修区域、巡视点位、巡视周期、巡视类型，并可设置立即执行、定时执行和周期执行三种方式。能够视频识别（静默监视）任务，在非巡视任务执行期间，对指定设备或通道按照不大于 2min/次的频率进行监视，对异常情况进行告警。存在多个任务并行时，系统能根据设置的任务类型，判断执行优先度，决定是将新任务排队执行，还是暂停当前任务立即执行新任务，在新任务执行完毕后，恢复暂停的任务继续执行。所有巡检任务完成后均有资料存档，供运维人员查询展示。

3. 巡视监控功能

标准化巡检系统具备监控巡检工作的功能，巡视任务清单可以以树形或列表方式进行展示，并以不同的颜色标识任务状态。对于正在执行的任务，能够实时显示巡视任务详细信息，如巡视点位总数、巡视点位完成情况、采集的数据、分析结果及告警、整体执行进度等信息，方便运维人员对任务执行情况进行掌握，并进行任务执行、暂停、停止、调整等操作。

4. 实时监视功能

标准化巡检系统应具备实时监视功能，在未执行巡检任务时，运维人员可以通过调用摄像机进行站内设备监视。监视界面以树形列表方式显示监控设备列表，并按照在线、离线状态进行过滤，运维人员可直接调阅摄像机和机器人画面。视频画面能够以 1/4/9/16/全屏等多种方式显示，并能进行多画面轮巡，在视频画面上能实现云台控制、可见光视频控制、红外视频控制、音频控制等控制功能。摄像机能够设置守望位，在一定时间内未收到人工控制命令时，自动回归守望位。同时监视数据应存档并可查询和回放。

5. 数据分析功能

标准化巡检系统应具备数据实时分析功能，在巡视过程中通过现场缺陷图像识别、异常图像判别、视频识别（静默监视）和红外图谱分析等功能，对设备本体及附件、运行环境的智能分析和故障诊断，按照一般、严重、危急区分告警等分级，并将分析结果上送。巡视完毕后对巡视数据进行整体分析，形成巡检报告，展示巡视整体情况、告警内容、缺陷或异常图像，并能实时链接监控画面，经人工审核确认后，生成最终版巡视报告，并将巡视数据上传至上级系统相应记录。系统可按照运维人员要求对历史巡视数据进行指标统计、对比分析，并根据需要生成分析报表。

6. 智能联动

标准化巡检系统应具备智能联动功能，出现异常时自动调用相关装备进行工作，减轻运维人员工作负担。主设备出现遥控预置信号、主设备变位信号、越限信号和告警信号时，辅助设备出现报警信号、越限信号、状态变化信号时，能自动联动摄像机进行观察确认。出现水浸监测报警、水位状态越限时，自动启动对应抽水装置。

7. 其他功能

标准化巡检系统应具备台账管理功能，对系统软件、机器人、无人机、视频设备、声纹监测装置等进行管理。标准化巡检系统应具备系统配置功能，配置告警阈值、巡视计划、标准巡视点位等信息，配置角色管理权限。标准化巡检系统具备算法增量式更新功能，上级系统下发算法镜像、模型、程序和配置文件等更新信息，巡视主机自动接收信息并转发给智能分析主机，由智能分析主机对本地算法进行增量式更新，不同源算法之间具有可替换性，且算法替换后不影响系统正常运行。标准化巡检系统应具备系统自检功能，对系统整体和各个组件进行自检，确保设备状态良好，点位预置位无偏移。

6.2.5　标准化巡检对象

标准化巡检对象应包括变压器（电抗器）、断路器、组合电器、隔离开关、开关柜、电流互感器、电压互感器、避雷器、并联电容器、干式电抗器、串联补偿装置、母线及绝缘子、穿墙套管、电力电缆、消弧线圈、高频阻波器、耦合电容器、高压熔断器、中性点隔直装置、接地装置、端子箱及检修电源、站用变压器、站用交流电源、站用直流电源、构支架、避雷针、二次屏柜、辅助设施、建筑设施等主辅设备。巡视点位设置应满足室内外一次、二次及辅助设备设施巡视覆盖要求，包括设备外观、表计、状态指示、变压器（电抗器）声音、二次屏柜、设备及接头测温等，同时综合考虑设备类型、巡视类型、现场设备和道路布置方式等因素，重要巡视点位应采用非同源冗余巡视采集设置，巡视点位数据格式包括数值结果、可见光图片、红外图谱、音频 4 类。

6.2.6　标准化技术要求

6.2.6.1　巡检主机

1. 相关标准

（1）Q/GDW 12164—2021《变电站远程智能巡视系统技术规范》。

（2）国家电网《500（330）千伏及以上变电站远程智能巡视系统技术规范（试行）》。

2. 系统组成

巡检主机由巡视主机和智能分析主机组成。巡视主机对摄像机、机器人、无人机及声纹监测装置等实现统一接入、下发控制和处理巡视结果，并与上级系统进行交互。智能分析主机接收巡视主机采集的视频图像数据，基于视频流和图像进行指定分析类型的图像识别和判别，并输出分析结果给巡视主机。

3. 技术要求

巡视主机和智能分析主机的硬件应满足：

（1）满足自主可控要求。

（2）采用 TCP/IP 协议接入。

（3）支持机架式安装。

（4）CPU 不低于 2GHz 主频，不低于 8 核。

（5）巡视主机内存不低于 32GB，智能分析主机内存不低于 64GB。

（6）配置双热插拔冗余电源。

（7）系统数据及运行日志数据存储时间大于等于 1 年。

（8）满足 7×24h 运行需要，支持上电自启动功能。

（9）智能分析主机 AI 算力不低于 64TOPSINT8。

巡视主机与智能分析主机应能满足 0℃、持续工作 2h 的低温试验要求，以及满足 40℃、持续工作 2h 的高温试验要求。应能承受恒定湿热试验要求，温度（40±2）℃，湿度（93±3）%，保持 48h，试验过程中装置不通电，试验后各导电回路对外非带电导电部位及外壳之间、电气上无联系的各回路之间的绝缘电阻不应小于 1.5MΩ。

巡视主机与智能分析主机在电磁兼容试验期间不应出现故障或重启现象，无数据误发、漏发现象，功能正常。

6.2.6.2 一次设备在线监测设备

1. 相关标准

（1）DL/T 1430—2015《变电设备在线监测系统技术导则》。

（2）DL/T 1498《变电设备在线监测装置技术规范》系列标准。

（3）Q/GDW 616—2011《基于 DL/T 860 标准的变电设备在线监测装置应用规范》。

（4）《自主可控新一代变电站二次系统技术规范装置类系列规范 8 辅助设备》。

2. 系统组成

500kV 及以上电压等级变电站一次设备在线监测应采用以变压器、开关、容性设备/避雷器为对象的集中式装置，主要包含变压器在线监测装置、开关在线监测装置、容性设备及避雷器在线监测装置，每类在线监测装置包含监测终端和各类前端传感器两部分。

3. 技术要求

（1）变压器在线监测装置主要实现对变压器本体的油中溶解气体、接地电流、局部放电等状态参数的采集、分析与上传。应具备的功能和技术要求如下。

1）应具备对油中溶解气体的数据采集功能、检测结果分析功能，并具有相应的常规综合辅助诊断功能。应提供检测结果原始谱图，给出基于改良三比值法、大卫三角法等方法的辅助诊断分析结果。油中溶解气体在线监测单元技术指标见表6-1、表6-2。

表6-1 油中溶解气体测量范围和测量误差要求

气体组分	测量范围（μL/L）	测量误差限值（A级）	测量误差限值（B级）
H_2	2～20	±2μL/L 或±30%	±6μL/L
	20～2000	±30%	±30%
C_2H_2	0.5～5	±0.5μL/L 或±30%	±1.5μL/L
	5～1000	±30%	±30%
CH_4、C_2H_4、C_2H_6	0.5～10	±0.5μL/L 或±30%	±3μL/L
	10～1000	±30%	±30%
CO	25～100	±25μL/L 或±30%	±30μL/L
	100～5000	±30%	±30%
CO_2	25～100	±25μL/L 或±30%	±30μL/L
	100～15000	±30%	±30%
总烃	2～20	±2μL/L 或±30%	±6μL/L
	20～4000	±30%	±30%

注 测量误差限值取两者较大值。

表6-2 其他技术指标要求

参量	要求
最小检测周期（h）	小于等于2
取油口耐受压力（MPa）	大于等于0.6
载气瓶使用时间（次）（如有）	大于等于400
测量重复性	在重复性条件下，6次测试结果的相对标准偏差小于等于5%

2）应具备铁芯/夹件接地电流等参量监测功能及数据分析功能，技术指标要求测量范围5mA～10A，误差范围小于±3%或±1mA，测量误差取两者最大值。

3）应具备对套管的全电流、电容量及介质损耗因数等状态参量进行周期性自动监测功能，可具备油压自动监测功能。要求各测量技术指标应满足：全电流测量范围2～150mA，测量误差±（标准读数×1%+0.1）；电容量测量范围100～1000pF，测量误差±（标准读数×1%）；介质损耗因数测量范围0.001～0.300，测量误差±（标准读数×1%+0.001）。

4）应具备对局部放电信号幅值、相位、频次等局部放电基本表征参量进行实时自动监测、记录的功能，具备放电类型识别功能，并可提供局部放电信号幅值及频次变化的趋势图。应提供局部放电相位分布图（PRPD）、脉冲序列相位分布图（PRPS）等放电特征谱图。所使用的特高频传感器的性能指标要求满足：检测带宽频率 300～1500MHz，频带内平均有效高度大于等于 8mm、最小有效高度 3mm，长期稳定工作耐受油温大于等于 115℃，长期稳定工作耐受压力大于等于 0.34MPa。

5）应具有连续监测、定时监测、按设定程序监测等多种监测模式，且监测模式、监测周期、监测程序设定等可通过现场及远程方式进行设定。

6）应提供典型局部放电数据库，在监测值出现异常时可根据数据库给出故障类型及置信概率，数据库及监测数据、监测波形应可就地显示及远程调阅。

7）数据上送传输协议采用 DL/T 860《变电站通信网络和系统》系列标准通信报文规范，输出信息为油中溶解气体各组分含量及诊断结果、铁芯/夹件接地电流、套管泄漏电流、套管电容量、局部放电次数、局部放电量、放电类型等参量信息及其告警信息，并输出终端自检信息和录波文件。

（2）开关在线监测装置主要实现 SF_6 压力、机械特性传感器电流、机械特性行程、局部放电等状态参数的采集、分析与上传。应具备的功能和技术要求如下。

1）应具备采集 SF_6 气体压力、分合闸线圈电流、储能电机电流、分合闸时间触头运动行程、动作次数等参数的能力；宜具备机械特性评估功能。其中 SF_6 气体在线监测传感器关键性能指标需满足：气室气体压力测量范围 0.1～1.0MPa、气室气体温度测量范围 –40～100℃、微水监测范围 20～2000μL/L。机械特性在线监测传感器关键性能指标需满足：采样频率大于等于 10kHz，分、合闸线圈电流测量范围 0～10A、精度大于等于 1%FS，储能电机电流测量范围 –50～+50A、精度大于等于 1%FS，位移测量精度行程误差小于等于 1mm 或角度误差小于等于 1°。

2）应具备对局部放电信号幅值、相位、频次等局部放电基本表征参量进行实时自动监测、记录的功能，具备放电类型识别功能，并可提供局部放电信号幅值及频次变化的趋势图。应提供局部放电相位分布图（PRPD）、脉冲序列相位分布图（PRPS）等放电特征谱图。其中组合电器局部放电传感器的性能指标需满足：检测带宽频率 300～1500MHz，频带内平均有效高度大于等于 6mm、80%的工作频带有效高度大于等于 2mm，动态范围大于等于 40dB。

3）数据上送传输协议采用 DL/T 860《变电站通信网络和系统》系列标准通

信报文规范，输出信息为 SF_6 压力、机械特性传感器电流、断路器行程、局部放电次数、局部放电量等参量信息及其告警信息，并输出终端自检信息和录波文件。

（3）容性设备及避雷器在线监测装置主要实现容性设备及避雷器设备全电流、母线电压等状态参数的采集、分析与上传。应具备的功能和技术要求如下。

1）应具备对金属氧化物避雷器的全电流、阻性电流、阻容比、运行电压、雷击次数等状态参量的监测与分析功能。避雷器监测传感器关键技术指标和电压采集单元技术指标如表 6-3、表 6-4 所示。

表 6-3　　　　　　　　　避雷器监测传感器关键技术指标

检测参量	测量范围	测量误差	重复性	抗干扰性能
全电流有效值	0.1～50mA	±（标准读数×2%＋0.005mA）	RSD＜0.5%	—
阻性电流基波峰值	0.01～10mA	±（标准读数×5%＋0.002mA）	RSD＜2%	在检测电流信号中依次施加3、5、7次谐波电流时，测量误差仍能满足要求
阻容比值	0.05～0.5	±（标准读数×2%＋0.01）	RSD＜2%	
雷击次数	0～65535	0	—	—

表 6-4　　　　　　避雷器在线监测传感器电压采集单元技术指标

监测参数	测量范围	测量精度
母线电压	35～1000kV	±0.5%
相位	0～90°	±0.054°
谐波电压	3、5、7、9次	±2%
系统频率	45～55Hz	±0.01Hz

2）应具备对容性设备的介质损耗因数、电容量、全电流（或三相不平衡电流）、运行电压等状态参量的监测与分析功能。容性设备在线监测传感器关键技术指标和电压采集单元技术指标如表 6-5、表 6-6 所示。

表 6-5　　　　　　　　容性设备在线监测传感器关键技术指标

检测参量	测量范围	测量误差	重复性	抗干扰性能
全电流有效值	2～200mA	±（标准读数×1%＋0.1mA）	RSD＜0.2%	—
	100～1000mA	±1%		—
电容量	100～25000pF	±（标准读数×1%＋1pF）	RSD＜0.2%	在检测电流信号中依次施加3、5、7次谐波电流时，测量误差仍能满足要求
介质损耗因数	0.001～0.3	±（标准读数×1%＋0.001）	RSD＜3%（介质损耗因数大于等于 0.005 时）	

表 6-6　　　　　　　容性设备在线监测传感器电压采集单元技术指标

监测参数	测量范围	测量精度
母线电压	35～1000kV	±0.5%
相位	0～90°	±0.054°
谐波电压	3、5、7、9 次	±2%
系统频率	45～55Hz	±0.01Hz

3）数据上送传输协议采用 DL/T 860《变电站通信网络和系统》系列标准通信报文规范，输出信息为避雷器全电流、阻性电流、累计次数及容性设备介质损耗因数、电容量、全电流等参量信息及其告警信息，并输出终端自检信息。

6.2.6.3　视频监控及声纹装置

1. 相关标准

Q/GDW 12164—2021《变电站远程智能巡视系统技术规范》。

2. 系统组成

视频监控及声纹装置由部署在变电站内的红外、可见光摄像头以及声纹监测装置组成，采集的巡视数据包括可见光视频及图像、红外图谱、音频等。

3. 技术要求

（1）视频监控可见光照片格式应为 jpg 格式，分辨率不低于 1920×1080。视频文件的格式应为 mp4，并按照固定格式编码。可见光视频及图像数据采集要求如下。

1）支持采集 SF_6 压力表、开关动作次数计数器、避雷器泄漏电流表、油温表、液压表、有载调压挡位表、油位计等表计示数。

2）支持采集断路器、隔离开关等一次设备及切换把手、连接片、指示灯、空气断路器等二次设备的位置状态指示。

3）支持采集设备设施的外观等状况。

4）支持采集变电站环境、建筑设施外观等状况。

5）涉及特征、状态识别的目标应使其处于采集画面中心位置。

6）采集的图像应叠加有时间、点位名称等信息。

7）具备全天候采集视频及图像功能。

（2）红外图片格式应为 jpg 格式，分辨率不低于 320×240；红外图谱格式应为 fir 格式，分辨率不低于 320×240，宜采用 640×480 以上。红外图谱数据采集要求应支持采集设备本体、接头、套管、引线等重点部位的红外图谱数据，红外热成像摄像机支持框测温和点测温。

（3）声纹监测音频文件的格式应为 wav，并按照固定格式编码。声纹数据采集要求应支持采集变压器、电抗器、电压互感器等一次设备的声音数据。

6.2.6.4　变电站室内轨道式巡检机器人

1. 相关标准

DL/T 2241—2021《变电站室内轨道式巡检机器人系统通用技术条件》。

2. 系统组成

变电站室内轨道式巡检机器人系统应包括机器人、通信单元、轨道系统、供电系统、本地监控系统等部分。对于机器人通过远程网络直接接入远程智能巡视系统的应用场景，本地监控系统视情况选配。

变电站室内轨道式巡检机器人由电源模块、通信模块、运动模块、检测组件、防碰撞模块、语音对讲模块、辅助照明模块等组成。当机器人具备与室内灯光联动功能时，可不具备辅助照明模块。检测组件应具备可见光检测模块、环境温湿度检测模块、声音检测模块，可选配红外测温模块、环境气体检测模块、局部放电检测模块。

3. 技术要求

变电站室内轨道式巡检机器人应外观整洁、连接牢固、外壳具有保护涂层或防腐设计、内部电气线路走向合理便于安装维护。

机器人应具有良好的环境适应性，满足低温、高温、恒定湿热环境下试验要求，能在 −10℃ 下可靠运行 2h、在 50℃ 下可靠运行 2h、在（40±2）℃，相对湿度为（93±3）% 的条件下可靠运行 12h。

机器人应满足静电放电抗扰度、射频电磁场辐射抗扰度、工频磁场抗扰度、浪涌（冲击）抗扰度等方面的电磁兼容要求。能承受接触放电 3 级（6kV）、空气放电 3 级（8kV）的静电放电抗扰度试验，试验过程中功能或性能暂时丧失或降低，但在骚扰停止后能自行恢复，不需要操作者干预；能承受严酷等级为 3 级（试验场强 10V/m）的射频电磁场辐射抗扰度试验，在制造厂或委托方或用户规定的技术规范限值内性能正常；能承受严酷等级为 4 级的工频磁场抗扰度试验，稳定持续磁场强度 30A/m 下应满足在制造厂或委托方或用户规定的技术规范限值内性能正常，短时磁场 300A/m 下应满足功能或性能暂时丧失或降低，但在骚扰停止后能自行恢复，不需要操作者干预。

机器人应具备自检、运动、防碰撞、双向语音对讲、辅助照明等基本功能。同时，为满足变电站巡检要求，机器人应具备采集功能，能够按预先规划的任务或根据遥控指令自动巡航至预设位置，并自动调整检测设备完成室内设备信息采集，内容应包括可见光图像采集功能、声音采集功能和环境温湿度采集功能，红外图像采集、环境气体浓度信息采集、局部放电信号采集等功能可根据现场需求选配。各项采集功能需要满足的性能要求如下：

（1）可见光检测设备性能要求：上传视频分辨率不应小于 1080P，帧率不应小于 25 帧/s；图像像素不低于 200 万，光学变焦倍数不应小于 4 倍。

（2）声音采集模块性能要求：灵敏度级（基准为 1V/Pa）：不应大于（−38±2.0）dB；声压频率响应：至少应为 20Hz～20kHz（±2dB）。

（3）红外检测设备性能要求：红外检测设备成像分辨率不应低于 640×480，热灵敏度不应低于 60mK，测温范围不小于 0～200℃；可显示影像中温度最高点位置及温度值、可生成供后期分析的热成像图，并具备多区域框选分别显示框内最高点位置及温度值功能；测温准确度不应超过 ±2℃ 或测量值的 ±2%（℃）（取绝对值大者）。

（4）环境温湿度检测性能要求：环境温度检测范围不小于 −10～50℃，测量误差不大于 ±2℃；环境相对湿度检测范围 0%～99%，测量误差不大于 ±5%。

（5）环境气体浓度检测性能要求：SF_6 检测范围不小于 0～1500μL/L，测量误差不大于 ±30μL/L 或 ±5%（显示值）；O_2 检测范围不小于 0%～25%（体积比），测量误差不超过 ±0.5%（体积比）。

（6）局部放电检测性能指标：① 超声波局部放电检测。接触式的局部放电超声波检测仪应当可以测到不大于 40dB 的传感器输出信号，而非接触式的局部放电超声波检测仪，在距离声源 1m 的条件下可以测到声压级不大于 35dB 的超声波信号。② 用于 SF_6 气体绝缘电力设备、充油电力设备、非接触方式的超声波检测传感器，其峰值频率应分别在 20～80kHz、80～200kHz 和 20～60kHz；动态范围不应小于 40dB；线性度误差不大于 ±20%。③ 暂态地电压局部放电检测，要求检测频带在 3～100MHz，测量量程不小于 0～60dBmV，线性度误差不大于 ±20%。④ 特高频局部放电检测，特高频传感器检测频带至少覆盖 300～1500MHz，在 300～1500MHz 频带内平均有效高度不应小于 8mm，且最小有效高度宜不小于 3mm，同时应提供 1500～3000MHz 的平均有效高度测试数据；特高频局部放电传感器在千兆赫横向电磁小室（GTEM）中测试的检测灵敏度不大于 7.6V/m（17.6dBV/m）。

轨道系统用于实现机器人的运动导航和支撑功能，其轨道本体宜采用铝合金等轻型、耐腐蚀、抗老化性能好的材料，可扩展安装其他功能性零部件，如用于定位的 RFID 标签、条码、磁钢片，用于供电和通信的滑触线、用于传动的齿条等。轨道的支吊架起支撑轨道的作用，应采用钢材等金属材料，并做防锈处理。

供电系统为机器人供电，可采用滑触线或者电池供电的方式。当采用滑触线供电时，滑触线的电压不大于 36V，连接处应接触良好。当采用电池供电时，机器人应具有自主充电功能，电池电量不足时应上送报警信息。当机器人因电量低需要自主充电而中断巡检任务时，充电完成后，应具备从中断点继续执行未完成的巡检任务的能力。常温环境下电池供电一次充电续航能力不小于 5h。

通信单元实现机器人本体与控制箱、控制箱与本地监控系统之间的通信。机器人本体与控制箱之间可采用滑触线载波通信或者无线通信，在禁止使用无线通信的场所，应采用滑触线载波通信；机器人控制箱与本地监控系统之间宜采用网线或者光纤通信。通信传输应确保视频画面流畅、无卡顿，对机器人发布控制命令时能正常执行各项动作无延迟。

6.2.6.5 变电站巡检机器人

1. 相关标准

（1）DL/T 1637—2016《变电站机器人巡检技术导则》。

（2）DL/T 1846—2018《变电站机器人巡检系统验收规范》。

（3）DL/T 1610—2016《变电站机器人巡检系统通用技术条件》。

2. 系统组成

变电站机器人巡检系统应配置变电站巡检机器人、本地监控后台、机器人室，根据具体需求可配备导航设施、固定视频监控装置，无人值守变电站宜选配远程集控后台。

3. 技术要求

变电站巡检机器人应具有按照预先设定的路线或停靠位置进行自主行走、停靠的功能。在行走过程中，机器人应具有障碍物检测功能，在遇到障碍物时应及时停止并报警，障碍物移除后应能恢复行走。

机器人采用电池供电，应具备自动充电功能，能在需要充电时自动返回充电室进行自主充电，并能以无线方式与充电室自动门控制系统进行通信，对自动门进行控制并接收自动门的反馈信息。

（1）机器人应满足以下几方面性能要求。

1）运动性能：机器人应具备前后直行、转弯、爬坡等基本运动功能，各项运动功能如表 6-7 所示。

表 6-7　　　　　　　　　　　　机器人运动功能技术指标

在水平地面上的最大速度	不小于 1.2m/s	最大自动行驶速度	不小于 1m/s
重复导航定位误差	不超过 ±10mm	最小转弯直径	不大于自身长度的 2 倍
爬坡能力	不小于 15°	最小制动距离	1m/s 的运动速度下不大于 0.5m

2）云台：云台的预置位数量不少于 4000 个，应至少具有俯仰和水平两个旋转自由度，垂直范围为 0°～90°，水平范围不超过 ±170°。

3）通信：机器人的最大遥控距离应不小于 1000m，两台或以上机器人在同一区域内工作时控制信号互不干扰。

4）外壳防护：至少符合 GB/T 4208—2017《外壳防护等级（IP 代码）》中 IP55 的要求。

5）可靠性：机器人平均无故障工作时间不少于 2000h，一次充电续航能力不少于 5h。

6）振动：要求应满足正弦 10Hz-55Hz-10Hz，位移幅值 0.15mm，不通电。

7）电磁兼容：能承受接触放电 3 级（6kV）、空气放电 3 级（8kV）的静电放电抗扰度试验；能承受严酷等级为 3 级（试验场强 10V/m）的射频电磁场辐射抗扰度试验；能承受稳定持续磁场试验等级为 5 级（100A/m）、1～3s 短时试验等级为 4 级（300A/m）的工频磁场抗扰度试验。

（2）机器人应具备基本检测功能，各项检测功能要求如下。

1）可见光检测：机器人应配备可见光摄像机，能采集设备外观、开关分合状态及仪表指示等，并将视频实时上传至监控后台。应能存储采集到的视频，支持对视频的各项基本操作。摄像机镜头应满足最低现场照度大于等于 0.5lx，镜头光圈 f1.4、输出信噪比大于等于 45dB、分辨率大于等于 450TVL 的要求，可见光摄像头最小光学变焦数 30 倍，上传视频分辨率不小于 1080P。

2）红外检测：机器人应配备在线式红外热成像仪，能对一次设备本体及接头的温度进行采集，并能够实时上传至监控后台。应能存储采集到的红外热图，并能从红外热图中提取温度信息。红外检测设备成像像素不低于 320×240，接口方式为以太网或 RS-485。

3）声纹检测：机器人应配置声纹采集设备，能够采集设备声音，并能够实时上传至监控后台进行分析。应能存储采集到的电力设备声音，并支持音频信息的展示。拾音设备灵敏度不低于 -30dB。

（3）自主充电室作为机器人本体的充电设施，应满足以下要求。

1）充电室防护等级应满足机器人全天候自主充电要求，室内宜配置自动温湿度调节装置。

2）充电室配置自动门和控制系统，通过无线通信方式接收机器人的控制指令和反馈位置状态。自动门应配置人工门禁系统。

3）充电室应配置机器人充电装置，配合完成机器人的自主充电。充电装置或设备输入电源要求交流 220V 或 380V，外壳应有良好的接地。

6.2.6.6　变电站巡检无人机

1. 相关标准

《变电站无人机巡检技术规范（试行）》。

2. 系统组成

变电站无人机巡检系统由多旋翼无人机、任务设备和地面控制终端组成。

3. 技术要求

变电站无人机巡检作业宜采用电动型多旋翼无人机，禁止使用油动型无人机、固定翼无人机、共轴旋翼无人机。

（1）变电站无人机巡检系统通用配置如下。

1）应配置抗电磁干扰模块，射频电磁场辐射抗扰度、静电放电抗扰度、脉冲磁场抗扰度、工频磁场抗扰度等抗电磁干扰性能检测结果均为 A 级。

2）应具备厘米级精度定位功能。

3）应具备空中测距显示、避障及预警提示功能。

4）应具备电量自动检测、低电量告警功能。

5）应配置充足的备品备件，例如电池、桨叶、馈线、桨叶保护罩等，其中备用动力电池应足量配置，无人机空载最大飞行时间不宜低于 30min。

6）应配置插拔式存储模块，存储空间应能满足无人机巡检能力的要求。

7）应配置航行灯，应能明确指示机头朝向，应具有机头定向功能。

8）应配置无人机专用维护工具，用于除尘、润滑、防潮等维护。

9）应具备前、后、左、右、上、下六个方向的全向感知功能，避障技术可采用超声波、视觉、红外、激光雷达等科技手段，感知最小距离不应大于 0.5m。

10）宜具备无人机追踪功能。

11）宜配置无人机专用机巢，具备自主起降回收、自动更换电池或自动充电、远程遥控指挥、数据自动传输、实时环境监测、信号增强、专网接入等功能，并配置机巢的专用维护工具。

12）无人机机翼、机臂和机身材质宜选用绝缘性能较好的材质。

（2）变电站无人机巡检系统专用配置如下。

1）应配置高清可见光检测设备，定焦镜头拍摄照片有效像素不低于 4000 万，变焦镜头拍摄照片有效像素不低于 2000 万。

2）宜配置红外检测设备，红外图像分辨率不低于 640×480。

3）宜配置紫外检测设备，最小紫外光灵敏度不大于 $8×10^{-18}W/cm^2$，最小可见光灵敏度不大于 0.7lx，电晕探测灵敏度小于 5pC。

（3）变电站无人机专用机巢通用配置如下。

1）应配置机巢外壳接地装置。

2）应部署高清监控摄像头，全面监视机巢舱门开合、机械臂状态、机体归中等运行情况。

3）应具备自动充电或自主换电功能，具备电池电量检测功能；电量不足等紧急情况下，具备控制无人机自动悬停、就近降落、自动返航功能。

4）应具备风速、雨量、气压、温度监测功能，自动判断适飞条件。

5）应具备自动控制无人机精准起降、执行巡检任务、传输巡检数据等功能。

6）应具备手动终止任务、紧急迫降等紧急情况下的应急处置功能。

7）应满足防盗、防雨、防雷、防风沙等防护等级标准的设计要求，防护等级不低于 IP54。

8）应加装安全接入装置。

9）应满足站端存储空间在巡检周期内的数据存储需求不小于 1 年。

10）机巢及装载设备应满足极寒环境下正常工作。

11）应配置空调系统，保证设备最优的运行状态，提高设备的使用寿命。

12）宜配置不间断电源（UPS）。

≫ 6.3 典型场景案例 ≪

6.3.1 超高压换流站智能巡检系统

6.3.1.1 整体介绍

围绕"决策指挥一体作战、风险管控一线贯穿、生产操作一键可达、设备状态一目了然"的总体建设目标，按照"强感知、融数据、促应用"的建设思路，结合超高压换流站设备种类繁多、技术复杂度高等特点，统筹开展换流站智能体系建设，如图 6-2 所示。

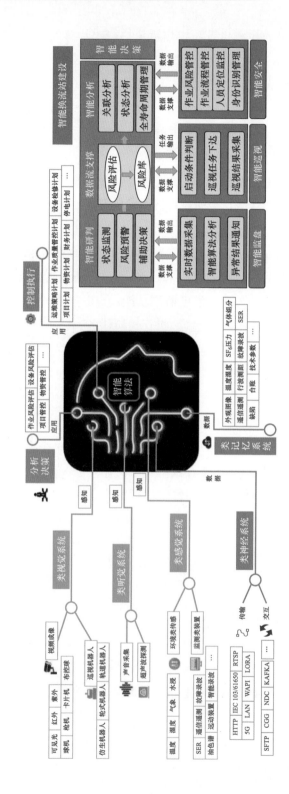

图 6-2 某超高压换流站智能运维体系架构图

在线监测方面配置免维护载气油色谱装置、变压器铁芯接地电流在线监测和中性点接地直流在线监测、GIS 和 GIL 局部放电在线监测、SF_6 密度和微水监测、姿态传感器以及声纹传感器等；环境类监测配置微气象在线监测（包括风速、风向、气温、相对湿度、气压、雨量和光辐射等气象参数）、水浸传感器和温湿度传感器等；机器人配置室外无轨机器人、室内无轨机器人和室内有轨机器人 3 类；智能工器具管理采用智能锁、电子标签和智能工具柜；智能图像监控包括双目测温云台、可见光云台、双目测温球机等 8 种，根据其技术成熟度、技术经济性、应用安全性、维护工作量、业务效率及适应性等维度在换流变压器、换流阀、直流场、交流场、站用电、交流滤波器场等不同区域科学配置、协同配合，实现设备状态透明化。

6.3.1.2 功能介绍

1. 智能监盘

基于监盘业务的数据抄录和数据多维度分析，开展智能监盘建设，开展换流变、阀冷、直流测量等直流关键设备数据参数的自动抄录全覆盖和实时多维度分析。

2. 智能安全

通过周界入侵检测、安全帽检测、物体移走检测、登高未戴安全带、安全标志物检测等行为识别技术，用"天眼"代替"人眼"，实现作业过程可观测、危险行为可报警、管控信息可查询、责任到位可追溯，部署智能锁具、智能工器具柜、电子标签，实现工器具、锁具状态智能感知。

3. 智能操作

试点开展直流场及对应换流变压器断路器间隔接地开关完成基于姿态传感器的智能化改造，辅助判断接地开关位置信息，为智能操作提供支撑。

4. 智能决策

系统梳理业务系统缺陷、两票、项目、物资等业务数据与生产数据的关联关系，形成数据驱动的应用建设方案，支撑智能巡检、智能监管和智能安全等业务的开展，如图 6-3 所示。

5. 地震监测

针对处于高地震设防烈度换流站，建立了特高压换流站设备单体、耦联回和整站设备体系的精细化模型，通过加装站内地震监测装置，采集地震发生时的地震动作，为时程分析的模型输入条件，依托抗震性能仿真平台，求解实时地震响应，得到各设备随时间变化的位移、速度和加速度的动力响应，得到设备内力的时程变化关系，实现了在运超/特高压换流站电气设备抗震性能快速评估，提升防灾减灾能力，如图 6-4 所示。

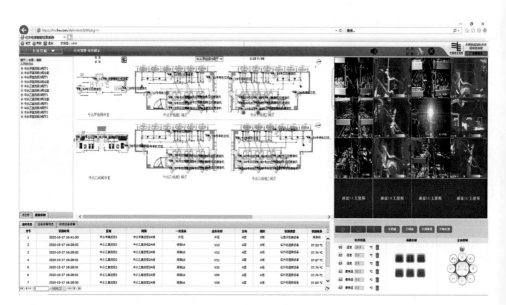

图 6-3　阀厅红外在线监测系统

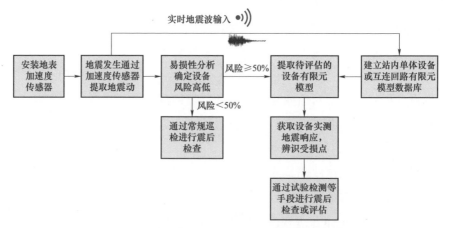

图 6-4　某特高压换流站地震监测装置工作流程

地震监测装置由太阳能板自主供电，无线传输数据至终端设备进行数据采集。监测装置主要由以下重要部件组成：加速度传感器、数据采集仪、供电装置、后台数据分析软件等，如图 6-5 所示。

图 6-5　地震监测装置内部及外观

6.3.2　特高压换流站智能巡检系统

6.3.2.1　整体介绍

为了推动智能技术与变电运维业务融合，面向变电运维工作流程和业务需求，在某特高压变电站试点建设远程智能巡检系统，替代人工巡检运维，提升运维效率和质量，提高设备状态管控力和管理穿透力。该系统集可靠性、通用性、规范性、扩展性为一体，整体架构如图 6-6 所示。

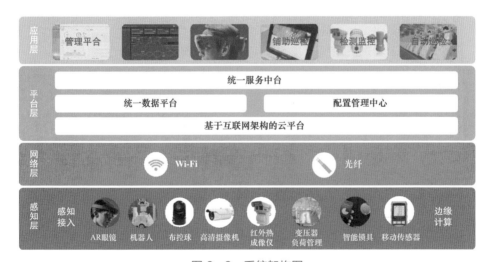

图 6-6　系统架构图

该系统采用分布式多层架构设计，感知层以 2 台巡检机器人、74 台高清摄像机、26 台红外线探测设备作为采集装备，实现标准化协议接入。网络层通过有线光纤和 Wi-Fi，实现对业务数据的互联互通。站控层接入各类数据并进行综合分析，实现监控、巡检、缺陷自动识别、远程支持等功能。

6.3.2.2 功能介绍

1. 视频监控功能

采用不同类型的红外、可见光视频设备，满足现场不同场景需求，监控站内总体设备设施情况及其运行状态数据、重点设备定点视频及红外监测，以及电缆沟等无可见光环境内的小动物入侵或者电缆异常以及密闭柜体发热检测等不同方面，实现对站内不同场景、不同类型设备设施的全面监控和实时报警。同时配置布控球，临时布置于施工作业现场，用于外来人员身份识别、安全措施落实和标准化作业等方面进行全程视频监测。

2. 辅助运维功能

智能巡检机器人整合机器人技术、电力设备非接触检测技术、多传感器融合技术、模式识别技术、导航定位技术以及物联网技术等，能够实现变电站全天候、全方位、全自主智能巡检和监控，如图 6-7 所示。

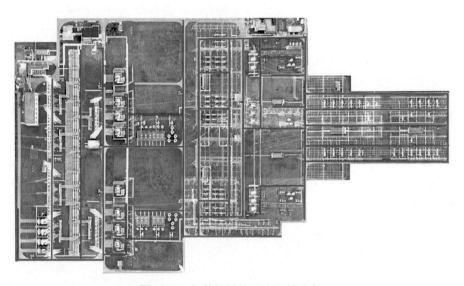

图 6-7 智能巡检机器人巡检路径

3. 缺陷设备自动识别功能

融合三种缺陷识别算法，智能采用最优算法进行相应缺陷识别。系统识别缺陷时，在静态图片识别的前提下，能够实现一段时间积累下的动态视频判断，并可通过相间对比，进行缺陷判定，如图 6-8 所示。

4. 远程支持功能

试点采用 AR 眼镜，辅助、指导、监督运维人员开展设备巡检，巡检过程中能动态调取三维影像库，与历史图像进行比对分析，发现异常及缺陷。在遇

图6-8 系统主界面图

到问题时运维人员能通过头戴 AR 眼镜向后台发起音视频通话，将 AR 眼镜内的虚实结合的图像实时回传，后台看到实时画面，进行分析，并对需要操作的部位进行标注，运维人员可以在 AR 眼镜中及时地看到后台在实际物体上标注的信息，如图6-9所示。

图6-9 后台远程支持

5. 典型缺陷远程自动巡检介绍

当感知设备以及后台系统组成的高清监视发现异常后，将信息上报给系统，运维人员可在系统内对智能巡检机器人下发特殊巡检任务，当巡检发现异常时，第一时间上传图像及现场资料，并自动推送初步缺陷报告，由运维人员审核视频系统和机器人联合巡检流程，如图6-10所示。

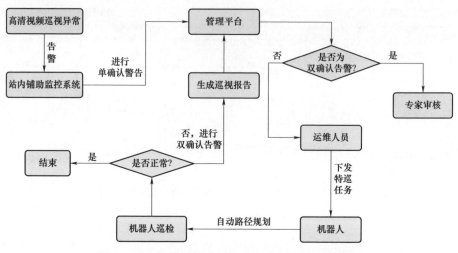

图 6-10　视频系统和机器人远程智能巡检流程图

反之，当机器人自动巡检发现异常并上报给系统后，运维人员也可以直接调阅高清视频进行远程巡检，在实时远程视频图像信息、红外信息基础上进行二次确认。

6.3.3　超高压变电站智能巡视系统

6.3.3.1　整体介绍

通过对变电站运维、操作、许可、验收等实际生产需求进行深入调研和分析，在某超高压变电站试点建设远程智能巡视系统，对变电站内各类设备设施的配置进行提升，应用设备设施全景化、状态信息数字化、分析诊断智能化等技术手段，逐步实现集控站对数十个远方无人变电站的全景巡视、全程管控、全息诊断，以全景数智化手段确保变电站安全生产、质效全面提升。

站内配置智能站一体化监控系统平台，在站控层Ⅱ区配置了一套辅控系统，实现对安全防范系统、视频监视系统、火灾报警系统、环境监测系统、SF_6泄漏报警系统、灯光控制系统、一次设备在线监测系统等的采集及联动控制，如图 6-11 所示。

6.3.3.2　功能介绍

为满足远程巡检需求，在各类电压等级断路器及隔离开关机构箱微型高清摄像机布点的基础上，在各设备房间及 220kV GIS 户外架空出线场地全面覆盖各类巡检摄像机（包括可见光、红外线、紫外线等），在 35kV 开关柜室和二次设备室布置导轨机器人，实现对全站各类设备的智能全天候远程巡视，重点实现了"主辅设备监控""远程智能巡视""表计数字化"等关键技术。

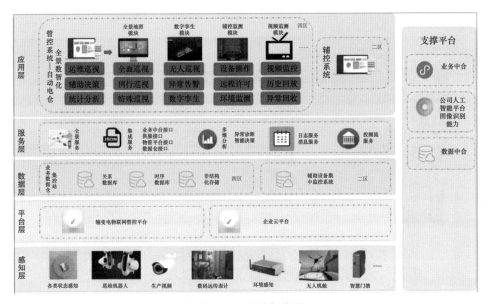

图 6-11　系统架构图

1. 远程设备监测智能化

增加各类电气设备感知终端及配套通信网络，实现集控站对无人站远程设备的状态感知，替代运维人员就地观察判断，充分应用在线监测系统、人工智能分析，自动全面获取全站设备状态信息。增加 GIS 及主变压器局部放电在线监测、主变压器铁芯及夹件在线监测、避雷器在线监测、GIS 设备 SF_6 密度在线监测，并将相关数据上送中国电力科学研究院，如图 6-12 所示。

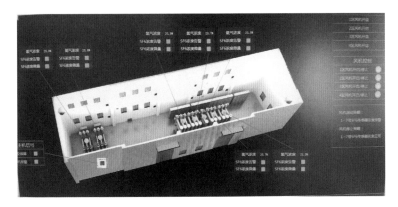

图 6-12　远程 SF_6 监测

2. 远程巡检图像智能化

利用各类巡检摄像机（包括可见光、红外线、紫外线等）、巡检机器人等手段，实现集控站对无人站远程图像智能巡检，布置远程许可终端、人脸识别门禁、车辆识别摄像头等设备，安装远程许可应用模块，实现变电站工作远程许可，如图 6-13 所示。

图 6-13　远程门禁系统

3. 远程巡检声纹智能化

开展巡检声纹智能化改造，在设备室内安装声成像感知终端，对设备异常声响进行实时监测，充分应用智能分析，通过专用通道接入集控站，实现集控站内对各类设备异常声响远程巡检和智能预警。

4. 远程区域联动智能化

集控站区域巡视主机下发控制、巡视指令，经边缘巡视主机或直接控制机器人、摄像机和无人机等开展室内外设备联合巡视作业，无人站边缘巡视主机接收到主辅设备监控系统的联动信号后，将联动信号上送区域巡视主机并开始执行联动任务；区域巡视主机进行智能分析并进行后续业务处理，如图 6-14 所示。

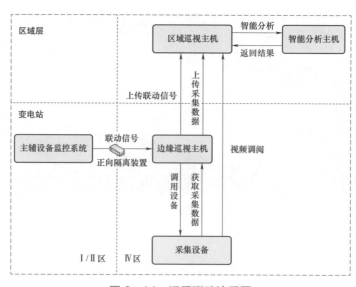

图 6-14　远程联动流程图

≫ 6.4　探　索　建　议 ≪

远程智能巡视系统正在逐步推广建设，数字孪生等新技术、四足机器人等新装备也在不断地试点当中，后续将不断分析总结并固化推广相关成果，不断推动新技术的标准化应用，助力变电站数字化、智慧化转型。

6.4.1　短期目标

逐步引入紫外成像、放电检测、在线监测等技术，完善声、光、电、磁等多种设备监测手段，全方位获取设备状态数据。积极推进特种机器人的研发和应用，突破巡视空间限制，不断推进无线通信技术和高速组网技术，突破通信条件限制，实现箱体内部、电缆沟道、地下管网等特殊位置巡视，真正做到从设备外观到内部，从变电站地上到地下巡视范围全覆盖。

6.4.2　中期探索

随着巡检手段不断完善、巡检新技术不断发展，以现阶段远程智能巡检为标准化模式的巡检模式也将不断更新迭代。变电站巡检工作在信息化的基础上，将进一步实现数字化、网络化、智能化。近年来，这些技术被逐步引入变电站的运维工作之中，期望能最终实现远程智能巡检到智慧巡检的转型，助力变电站的数字化进程。

基于变电站三维模型，汇集设备基础信息、故障信息、拓扑关系以及主网运行方式等多源数据，融合设备履历、生产业务、设备状态等多源信息，以直观的三维可视化方式呈现出来，实现变电站生产运行全景化，辅助监控运维人员监视设备状态、站内作业、视频和机器人等的安全运行。固化巡检工作经验模型，开展智能辅助决策，辅助运维人员开展设备状态决策研判。实现设备的状态监控和预警、健康评估、故障诊断和决策建议智能化管理，如图 6-15 所示。

6.4.3　远景展望

结合三维定位、数字孪生、虚拟现实等技术，沉浸式智慧巡检技术未来可期。

基于数字孪生技术精准定位能力和实时交互能力，融合协同作业算法及空间视野分析算法，自主协同摄像机、机器人与无人机工作，实现对设备的无死

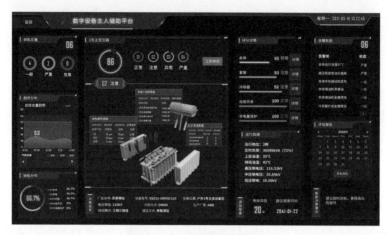

图 6-15 智能决策建议

角巡视；基于三维模型实现机器人、无人机巡视点位与视频资源自动匹配，实现站内视频与变电站三维模型实时互动。工作人员通过虚拟现实技术，在虚拟变电站场景，通过物联网技术实时获取现场设备状态和实时监控图像等感知端数据，让巡检人员不必到达现场即可掌握现场状况，如图 6-16 所示。

图 6-16 沉浸式巡检

基于数字孪生技术强大的学习能力和计算能力，基于多源数据融合技术与知识图谱分析技术，按照要求自主开展巡检工作，自主分析巡视数据，自主开展设备设施状态评估、预测和决策，辅助运维人员开展设备管理。基于知识图谱分析技术，实现站内异常及事故自动调查、分析、隔离和处置，提高事故处置效率，保障运维人员安全。

第7章

工程实践应用

» 7.1 概　述 «

7.1.1 项目背景

1000kV 特高压交流变电站作为运行的最高交流电压等级，相较于常规变电站，具有电压等级高、占地面积大、设备结构复杂、巡检任务繁重、人员作业风险高等特点。特别是当出现故障（异常）时，运维人员近距离接触设备，安全风险非常大；同时特高压变电站在电网中的位置十分重要，现有视频监控系统主要用于变电站安防，布点不足、清晰度较低，亟需建设特高压智慧巡检系统，提升运维人员对于设备运行状态的实时感知能力，强化日常巡视技术手段，在保证人员安全的前提下，确保特高压设备时刻处于在控状态。

传统变电站巡视主要以人工现场巡视为主，随着电网建设规模的逐步壮大，变电运维和检修人力资源均不足以支撑设备管理精益化工作目标，重复性工作的疲劳性势必会导致巡视检测低质现象，非常有必要拓展变电专业信息化、智能化技术应用，通过联合自动巡检试点项目建设，一步一步地将运维人员从穿梭各变电站驻地、重复劳作的机械工作转化为高效的运维分析、判断和全能业务的处理，让运维人员真正成为管理设备的主人。

通过建设特高压交流变电站智慧巡检系统，借助于智能机器人巡检，实现智能机器人与高清视频联合巡视，建设智慧巡检平台，对数据整合、优势互补，并最终将数据推送至相关业务系统，更好地发挥机器人数据的作用，巡视覆盖全面、无遗漏，极大提升巡视准确性，视频智能识别自动生成巡视报表，并进一步减轻甚至替代运行人员完成重复和烦琐的巡检工作。

7.1.2　项目现状

1000kV 某特高压站，站内巡视主要依靠人工巡视与机器人巡检互补，存在人工巡视工作量大、特殊环境下作业风险高，机器人巡视周期长、设备故障时特巡效率低等问题。为提升特高压变电站设备状态感知和风险管控能力，决定开展智慧巡检系统建设。

7.1.3　建设原则

（1）安全第一：现场施工时坚持严格遵守有关安全规章制度和特高压站运行规定，作业人员与带电设备保持足够的安全距离；现场摄像机安装应便于日常维护并可靠接地；无线摄像机、巡检机器人产生的数据接入内网需采取信息安全防护措施。

（2）充油设备全覆盖：对主变压器、高压电抗器等充油设备仪表、外观进行全覆盖布点，加强检测频率，实现设备状况远程监测，保障运维人员人身安全。

（3）设备外观全覆盖：全面梳理设备外观类巡视项目，充分利用高清摄像机反应速度快、智能机器人巡视灵活、无人机全方位立体巡视等优势，选择合理位置和方式安装视频装置，做到设备外观全面覆盖。

（4）精准投资：坚持设备最大化利旧原则，充分利用特高压交流变电站内现有在线监测、数字化表计、工业视频监控系统和网络设施等资源进行复用或改造，避免重复建设和投资浪费。

7.1.4　建设目标

通过对某座 1000kV 交直流合建特高压变电站智能巡视系统完善化建设，实现对全站 1000kV HGIS 区域、主变压器区域、高压电抗器区域、±800kV 直流场、±800kV 直流高、低端阀厅区域、500kV HGIS 区域、110kV 配电区域、站用变压器本体等区域的智能巡检工作。杜绝巡检设备时的人身风险，有效减轻运维人员现场巡检工作量，利用巡检机器人、高清视频装置、无人机等自动化设备，科学推进人工替代，提升重大活动保电、负荷高峰巡检频次，实现设备状态全天候、不间断跟踪检测，并实现以下目标：

（1）通过部署适当数量高清摄像机、巡检机器人、无人机等巡视装置，实现全站区域的自动化巡检，避免人员巡检过程中由于设备区突发故障造成运维人员人身伤害。

（2）通过全自动巡检，替代全站的人工例行巡视，减轻值守人员工作负担。

（3）通过全自动巡检后台数据的集成、分析、告警，实时掌握设备的状态，提醒值班人员提前进行预判。

≫ 7.2 主 要 设 备 ≪

智慧巡检系统主要采用云台、枪机、球机、微型摄像机等可见光摄像机，云台双光谱、固定枪机等红外热成像摄像机，室外轮式机器人、室内轮式机器人、室内挂轨机器人等巡检机器人，轻型多旋翼无人机、中型多旋翼无人机等巡检无人机，声纹监测装置等技术，如表 7-1 所示。

表 7-1　　　　　　　　智 能 设 备 清 单

序号	类别	具体技术	备注
1	智能图像监控	云台可见光	可转向，用于对多个目标进行可见光高清图像拍摄
2		双视测温云台	可转向，用于对多个目标进行红外测温和可见光拍摄
3		可见光球机	最大仰视角受限，其他性能同可见光云台
4		可见光枪机	可见光枪机：固定向，用于拍摄单个目标或多个集中布置、朝向一致的目标
5		可见光卡片机及测温卡片机	固定向，用于在局促环境中拍摄距离 10～40cm 的目标
6	机器人	室外巡检机器人	用于室外设备红外测温、可见光巡视
7		室内巡检机器人	用于主、辅控楼同层相邻设备间，或作为阀厅设备低处点位巡视的补充
8		室内轨道机器人	用于屏柜数较多的独立设备间，或可经轨道贯穿的多个设备间
9	无人机	轻型多旋翼无人机	利用无人机实现全站立体巡检
10		中型多旋翼无人机	
11	声纹	声纹监测装置	监测设备噪声数据

≫ 7.3 技 术 方 案 ≪

7.3.1 设计方案遵循标准

智慧巡检系统规划设计须按照国际、国家和行业的有关标准和规范进行。

本设计将依据和参照以下的设计规范和要求进行，但不仅限于以下所列范围。

（1）GB/T 2423.3—2016《环境试验 第 2 部分：试验方法 试验 Cab：恒定湿热试验》。

（2）GB/T 15153.2—2000《远动设备及系统 第 2 部分：工作条件 第 2 篇：环境条件（气候、机械和其他非电影响因素）》。

（3）GB/T 30149—2019《电网通用模型描述规范》。

（4）GB/T 36572—2018《电力监控系统网络安全防护导则》。

（5）DL/T 664—2016《带电设备红外诊断应用规范》。

（6）Q/GDW 10517.1—2019《电网视频监控系统及接口 第 1 部分：技术要求》。

（7）国家电网《自主可控新一代变电站二次系统技术规范 站控系统系列规范 5 变电站在线智能巡视系统（试行 V1.0）》。

（8）国家电网《国网设备部关于印发〈500（330）千伏及以上智慧巡检系统技术规范（试行）〉等四项规范的通知》（设备监控〔2022〕42 号）。

（9）国家电网《国网设备部关于印发〈变电站一键顺控技术导则〉等 2 项规范的通知》（设备变电〔2022〕140 号）。

（10）国家电网《国网设备部关于印发〈220kV 及以下变电站远程智能巡视系统技术规范（试行）〉等四项规范的通知》（设备监控〔2022〕93 号）。

（11）国家电网《国家电网有限公司关于推进变电站智能巡视建设与应用的意见》（国家电网设备〔2022〕653 号）。

7.3.2 巡视布点原则

巡视点位设置应满足室内外一次、二次及辅助设备设施巡视覆盖要求，包括设备外观、表计、状态指示、变压器（电抗器）声音、二次屏柜、设备及接头测温等。

巡视点位设置应综合考虑设备类型、巡视类型、现场设备和道路布置方式等因素。

巡视点位数据采集源包括机器人、无人机、摄像机、声纹及主辅设备状态监测等，重要巡视点位应采用非同源冗余巡视采集设置。

巡视点位数据格式包括数值结果、可见光图片、红外图谱、音频 4 类。

巡视点位按重要等级分为Ⅰ、Ⅱ、Ⅲ类：Ⅰ类点位为可能表征设备直接出现危急缺陷的巡视点位，Ⅰ类巡视点位满足 100%巡视覆盖；Ⅱ类点位为仅可能表征设备直接出现严重缺陷的巡视点位；Ⅲ类点位为仅可能表征设备出现一般缺陷的巡视点位；Ⅰ类及部分Ⅱ类重要巡视点位优先采用非同源双覆盖。例如高清视频+机器人巡检、高清视频+在线监测等冗余巡视配置。

　　智能图像巡视设备的配置、布点，应以满足各业务场景为目标，按照"一机多用、一点多用"原则开展。

　　点位不得布在站内设备的垂直正上方，或空调管道的垂直正下方；不得影响现场正常的运行、检修作业。

　　可见光云台配置方面，区域内单独布置的断路器、隔离开关、接地开关应配置 1 台，集中布置的断路器、隔离开关、接地开关应共享 1 台。

　　可见光枪机配置方面，针对涉及智能操作、云台型设备无法覆盖、无近距离遮挡的表计，单独布置的应配置 1 台，集中布置且朝向基本一致的应共享 1 台；针对涉及智能巡视、云台/机器人无法兼顾、无近距离遮挡的表计，单独布置的应配置 1 台，集中布置且朝向基本一致的应共享 1 台。

　　可见光卡片机配置方面，针对涉及智能操作、云台型设备无法覆盖、有近距离遮挡的表计，单独布置的应配置 1 台，集中布置且朝向基本一致的应共享 1 台；针对涉及智能巡视、高清相机/机器人无法兼顾、有近距离遮挡的表计，单独布置的应配置 1 台，集中布置且朝向基本一致的应共享 1 台。

7.3.3　高清视频系统巡视点位

1. 全站全景视频拼接

通过安装的变电站制高点的全景相机，实现全站的全景视频拼接功能，如图 7-1～图 7-3 所示。

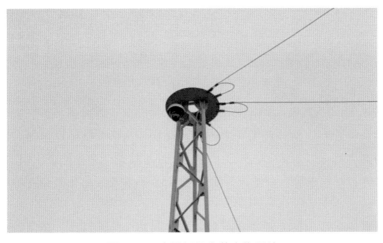

图 7-1　全景相机安装实物照片

图 7-2 全景高清实时图像

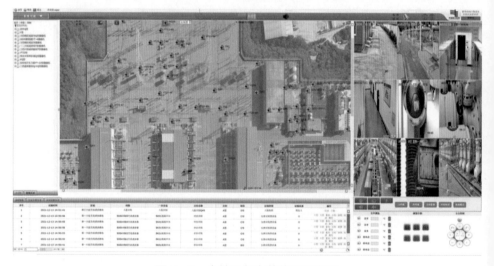

图 7-3 全站设备安装位置示意图

2. 变压器、高压电抗器、换流变压器

Ⅰ类点位主要包括外观类（本体、套管、均压环、气体继电器、压力释放阀、压力突变继电器等）、表计类（油位表、油温表、分接挡位、吸湿器）、温度类（本体、套管末屏、套管、引线及接头）、声音类（本体及调压补偿变压器运行声音）。

Ⅱ类点位主要包括外观类（冷却系统渗漏油、冷却系统、风扇、分接开关吸湿器、在线监测装置、高压电抗器隔声罩）、表计类（油流继电器）。

Ⅲ类点位包括外观类（机构箱、标识牌）、表计类（储油柜温度、调压补偿变压器储油柜温度）。

温度类巡视点位使用红外图像采集（摄像机、机器人、无人机）。

部分Ⅰ、Ⅱ类数值型巡视点位使用在线监测数据采集。

设备安装位置如图 7-4、图 7-5 所示。

巡检效果如图 7-6、图 7-7 所示。

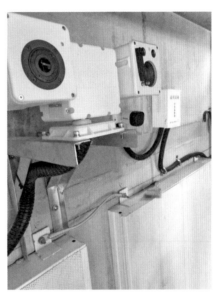

图 7-4 高清相机安装位置实物图

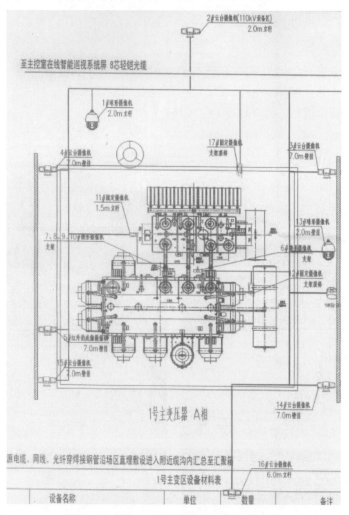

图 7-5 单相主变压器设备安装位置示意

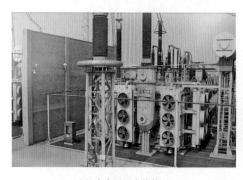

(a) 主变压器本体外观

(b) 主变压器套管外观

图 7-6 主变压器外观巡检效果（一）

(c) 主变压器套管引线及接头

(d) 主变压器套管均压环

(e) 主变压器套管末屏

(f) 调压补偿变压器本体外观

(g) 调压补偿变压器套管外观

(h) 调压补偿变压器套管引线及接头

(i) 无载分接开关机构箱

(j) 冷却器外观及风冷控制箱

图 7-6　主变压器外观巡检效果（二）

(k) 气体继电器

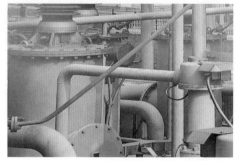

(l) 压力释放阀

(m) 压力突变继电器

(n) 本体吸湿器

(o) 主变压器储油柜外观

(p) 调压补偿变压器吸湿器

(q) 调压补偿变压器储油柜外观

(r) 主变压器西侧红外成像

图 7-6　主变压器外观巡检效果（三）

(a) 套管油位表　　　　　　　　　　(b) 分接挡位

(c) 温度表　　　　　　　　　　　(d) 本体油位表

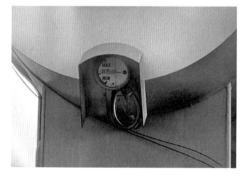

(e) 调压补偿变压器油位表　　　　　(f) 避雷器监测器

图 7-7　主变压器表计巡检效果

3. 断路器、隔离开关、接地开关

Ⅰ类点位主要包括外观类（本体、支柱绝缘子、基础构架）、表计类（油位表、油温表、位置指示、SF$_6$ 密度压力表、动作计数器、储能指示）、温度类（本体、隔离开关触头、引线及接头）。

Ⅱ类点位主要包括外观类（均压环、套管防雨罩、接地引下线）。

Ⅲ类点位包括外观类（汇控柜、机构箱、标识牌）。

外观类和表计类巡视点位使用可见光图像采集（摄像机、机器人、无人机）。

温度类巡视点位使用红外图像采集（摄像机、机器人、无人机）。

相关示意图、实物图分别如图 7-8～图 7-14 所示。

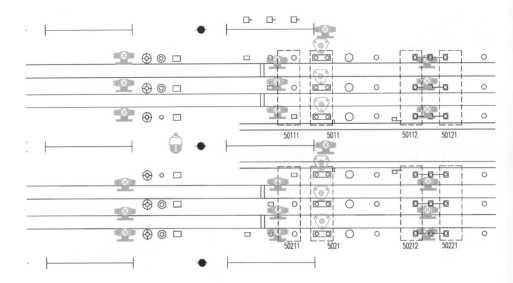

图 7-8　高清相机安装位置示意图

图 7-9　高清相机安装位置实物图

图 7-10 断路器、隔离开关、接地开关巡视效果图

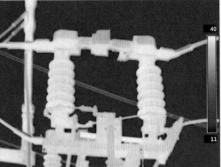

(a) 高清图　　　　　　　　　　　　(b) 红外图

图 7-11　35kV 区域 328 间隔 2-2C 电容器组 3281 隔离开关 C 相 A 面

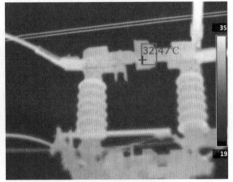

(a) 高清图　　　　　　　　　　　　(b) 红外图

图 7-12　35kV 区域 328 间隔 2-2C 电容器组 3281 隔离开关 C 相 B 面

(a) 高清图　　　　　　　　　　　　(b) 红外图

图 7-13　220kV 区域 1 号主变压器 201 间隔 2012 隔离开关 A 相 A 面

(a) 高清图　　　　　　　　　　　　　　　(b) 红外图

图 7-14　220kV 区域 1 号主变压器 201 间隔 2012 隔离开关 A 相 B 面

4. 组合电器

Ⅰ类点位主要包括外观类（本体、套管）、表计类（位置指示、SF_6 密度压力表、动作计数器、避雷器表计）、温度类（本体、引线及接头）。

Ⅱ类点位主要包括外观类（伸缩节、均压环、套管防雨罩、接地引下线）。

Ⅲ类点位包括外观类（汇控柜、机构箱、标识牌）。

外观类和表计类巡视点位使用可见光图像采集（摄像机、机器人、无人机）。

温度类巡视点位使用红外图像采集（摄像机、机器人、无人机）。

部分Ⅰ类数值型巡视点位使用在线监测数据采集。

相关图片分别如图 7-15～图 7-17 所示。

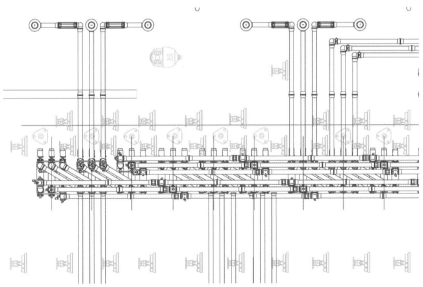

图 7-15　高清相机安装位置示意图

图 7-16 高清相机安装实物图

图 7-17 组合电器巡视效果图

5. 电流互感器、电压互感器

Ⅰ类点位主要包括外观类（本体、支柱绝缘子、基础构架）、表计类数值（油位表）、温度类（本体、引线及接头）。

Ⅱ类点位主要包括外观类（均压环、套管防雨罩、吸湿器、接地引下线）。

Ⅲ类点位包括外观类（机构箱、标识牌、二次接线盒）。

外观类和表计类巡视点位使用可见光图像采集（摄像机、机器人、无人机）。

温度类巡视点位使用红外图像采集（摄像机、机器人、无人机）。

部分Ⅰ类数值型巡视点位使用在线监测数据采集。

相关图片分别如图 7 - 18～图 7 - 26 所示。

(a) 安装图　　　　　　　　　　　　　　(b) 效果图

图 7 - 18　电流互感器、电压互感器高清相机安装位置实物图及巡视效果图

 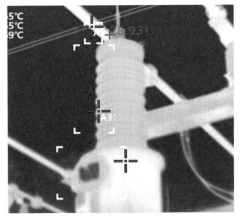

(a) 高清图　　　　　　　　　　　　　　(b) 红外图

图 7 - 19　35kV 区域 2 号主变压器 35kV 侧 TV 间隔电压互感器外观与测温 1

(a) 高清图　　　　　　　　　　　(b) 红外图

图 7－20　35kV 区域 2 号主变压器 35kV 侧 TV 间隔电压互感器外观与测温 2

(a) 高清图　　　　　　　　　　　(b) 红外图

图 7－21　220kV 区域 1 号主变压器 220kV 侧电压互感器外观与测温 1

(a) 高清图　　　　　　　　　　　(b) 红外图

图 7－22　220kV 区域 1 号主变压器 220kV 侧电压互感器外观与测温 2

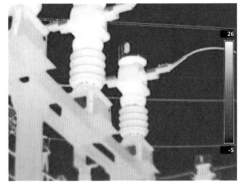

(a) 高清图　　　　　　　　　　　(b) 红外图

图 7 – 23　35kV 区域 328 间隔 2 – 2C 电容器组电流互感器 1

(a) 高清图　　　　　　　　　　　(b) 红外图

图 7 – 24　35kV 区域 328 间隔 2 – 2C 电容器组电流互感器 2

(a) 高清图　　　　　　　　　　　(b) 红外图

图 7 – 25　500kV 区域 1 号主变压器 5031 间隔电流互感器 B 相外观与本体测温

(a) 高清图　　　　　　　　　　　　　　　(b) 红外图

图 7-26　500kV 区域 2 号主变压器 5012 间隔电流互感器 B 相外观与本体测温

6. 避雷器

Ⅰ类点位主要包括外观类（本体、支柱绝缘子、基础构架）、表计类（泄漏电流表、动作次数）、温度类（本体、引线及接头）。

Ⅱ类点位主要包括外观类（接地引下线）。

Ⅲ类点位包括外观类（机构箱、标识牌）。

外观类和表计类巡视点位使用可见光图像采集（摄像机、机器人、无人机）。

温度类巡视点位使用红外图像采集（摄像机、机器人、无人机）。

部分Ⅰ类数值型巡视点位使用在线监测数据采集。

相关图片分别如图 7-27～图 7-31 所示。

(a) 安装图　　　　　　　　　　　　　　　(b) 效果图

图 7-27　避雷器高清相机安装位置实物图及巡视效果图

(a) 高清图　　　　　　　　　　　(b) 红外图

图 7 - 28　35kV 区域 328 间隔 2 - 2C 电容器组避雷器 B 相 A 面

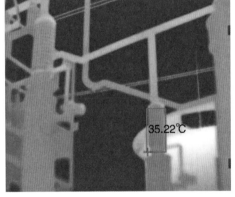

(a) 高清图　　　　　　　　　　　(b) 红外图

图 7 - 29　35kV 区域 328 间隔 2 - 2C 电容器组避雷器 B 相 B 面

(a) 高清图　　　　　　　　　　　(b) 红外图

图 7 - 30　500kV 区域 1 号主变压器 500kV 侧 TV 间隔避雷器 C 相 A 面

(a) 高清图

(b) 红外图

图 7−31 500kV 区域 1 号主变压器 500kV 侧 TV 间隔避雷器 C 相 B 面

7. 电容器、电抗器

Ⅰ类点位主要包括外观类（本体、套管、基础构架、熔断器、放电线圈）、表计类（油温表、油位表）、温度类（本体、引线及接头）。

Ⅱ类点位主要包括外观类（放电间隙、阻尼电阻、套管防雨罩、接地引下线）。

Ⅲ类点位包括外观类（机构箱、标识牌）。

外观类和表计类巡视点位使用可见光图像采集（摄像机、机器人、无人机）。

温度类巡视点位使用红外图像采集（摄像机、机器人、无人机）。

部分Ⅰ类数值型巡视点位使用在线监测数据采集。

相关图片分别如图 7−32～图 7−37 所示。

(a) 安装图

图 7−32 电容器、电抗器高清相机安装位置实物图及巡视效果图（一）

(b) 效果图

图 7-32 电容器、电抗器高清相机安装位置实物图及巡视效果图（二）

(a) 高清图

(b) 红外图

图 7-33 35kV 区域 325-2-1L 电抗器 A 相 A 面

(a) 高清图   (b) 红外图

图 7-34   35kV 区域 326-2-1L 低压间隔电抗器 A 相 B 面

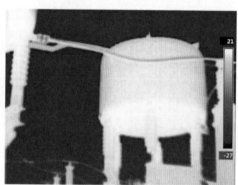

(a) 高清图   (b) 红外图

图 7-35   35kV 区域 326-2-1L 低压间隔电抗器 A 相 C 面

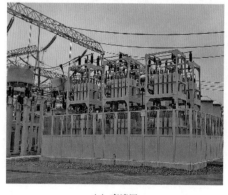

(a) 高清图   (b) 红外图

图 7-36   35kV 区域 316 间隔 1-1C 电容器组电容器 0 相 A 面

(a) 高清图　　　　　　　　　　　(b) 红外图

图 7-37　35kV 区域 316 间隔 1-1C 电容器组电容器 O 相 D 面

8. 接头、线夹及绝缘子

Ⅰ类点位主要包括外观类（母线外观、金具外观、无异物悬挂）、温度类（本体、线夹及接头）。

Ⅱ类点位主要包括外观类（带电显示装置）。

Ⅲ类点位包括外观类（标识牌）。

外观类巡视点位使用可见光图像采集（摄像机、机器人、无人机）。

温度类巡视点位使用红外图像采集（摄像机、机器人、无人机）。

相关图片分别如图 7-38～图 7-40 所示。

(a) 高清图　　　　　　　　　　　(b) 红外图

图 7-38　35kV 区域 35kV Ⅱ母间隔母线软连接

(a) 高清图　　　　　　　　　　　　　(b) 红外图

图 7-39　主变压器区域 2 号主变压器 220kV 侧引线 T 接头

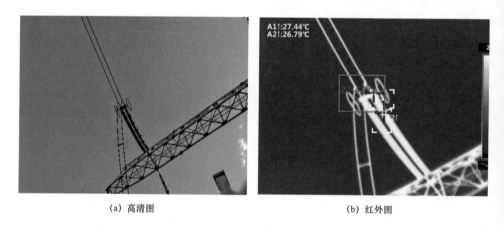

(a) 高清图　　　　　　　　　　　　　(b) 红外图

图 7-40　主变压器区域 2 号主变压器 500kV 侧引线 T 接头

7.3.4　室外场地红外热成像巡检应用

站内在室外场地上安装了 28 套红外热成像监测系统,这些设备采用有线方式通信,可以 24h 不间断巡检,对特定设备可以做到 24h 实时监测。在下雪、结冰等极端环境下,系统工作不受影响。

这种固定式安装系统结构简单,系统可靠性强,安装的位置监测视野宽广,有利于监测主变压器套管油位变化及温升情况,可以监测设备的各个角度,实时监测设备工作温度状态。

有线式红外热成像在站内的安装方式及巡视效果分别如图 7-41 和图 7-42所示。

图 7-41 有线式红外热成像安装位置实物图

(a) 高清图   (b) 红外图 1

 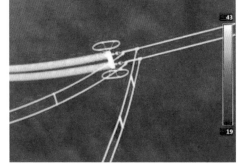

(c) 红外图 2   (d) 红外图 3

图 7-42 有线式红外热成像巡视效果图（一）

(e) 红外图 4

图 7-42　有线式红外热成像巡视效果图（二）

7.3.5　屏柜内部巡检应用

在部分关键屏柜中，安装了微型红外在线监测系统以及高清半球，才实现了对屏柜内部设备工作状态的实时巡视。

该类设备红外在线测温装置体积小巧，采用扁平化设计，无须破坏结构即可安装，对重点部位实时温度监控。

安装位置及巡视效果如图 7-43 和图 7-44 所示。

图 7-43　微型红外在线监测系统安装位置实物图

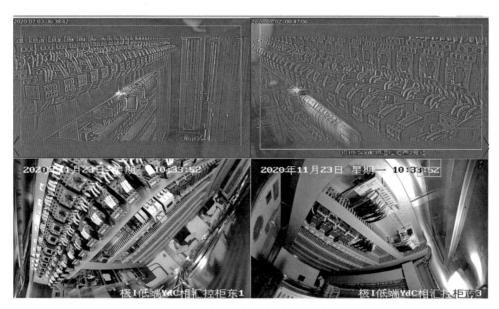

图 7-44　微型红外在线监测系统巡视效果图

7.3.6　室外轮式机器人巡检应用

站内配置一套室外智能巡检机器人系统，含 2 台机器人和 1 套机器人主机。机器人配备可见光和红外摄像机，机器人主机控制机器人执行巡视任务，响应智能联动命令，上传巡视数据至巡视主机。

相关图片分别如图 7-45～图 7-47 所示。

图 7-45　机器人工作状态

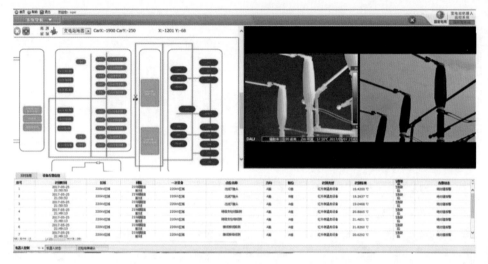

图 7-46　机器人监控平台界面

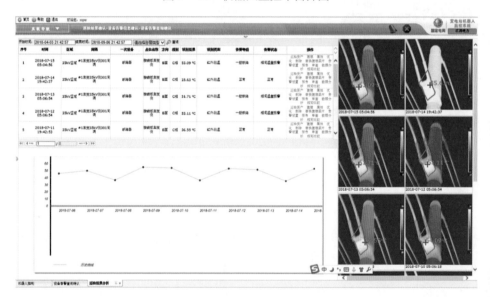

图 7-47　机器人的巡视结果分析

机器人表计特巡任务如表 7-2 所示。

表 7-2　　　　　　　　　　　　表 计 特 巡 任 务

1000kV 表计识别任务	
执行方式	每周一、周四 9:00 自动启动
巡检目的	记录 1000kV 区域表计读数，并进行异常预警
巡检内容	1000kV 区域所有表计
注意事项	必须白天巡检

续表

110kV 区域、主变压器区域表计识别任务	
执行方式	每周二、周五 9:00 自动启动
巡检目的	记录 110kV 区域、主变压器区域表计读数，并进行异常预警
巡检内容	110kV 区域、主变压器区域所有表计
注意事项	必须白天巡检
500kV 表计识别任务	
执行方式	每周三、周六 9:00 自动启动
巡检目的	记录 500kV 区域表计读数，并进行异常预警
巡检内容	500kV 区域所有表计
注意事项	必须白天巡检

机器人红外测温任务如表 7-3 所示。

表 7-3　　　　　　　　红　外　测　温　任　务

1000kV 区域测温任务	
执行方式	每周一、周四 20:00 自动启动
巡检目的	对 1000kV 区域设备进行精确测温，并进行异常预警
巡检内容	1000kV 区域所有红外测温点
注意事项	晚上巡检
110kV 区域、主变压器区域测温任务	
执行方式	每周二、周五 20:00 自动启动
巡检目的	对 110kV 区域、主变压器区域进行精确测温，并进行异常预警
巡检内容	110kV 区域、主变压器区域所有红外测温点
注意事项	建议晚上巡检
500kV 区域精确测温任务	
执行方式	每周三、周六 20:00 自动启动
巡检目的	对 500kV 区域设备进行精确测温，并进行异常预警
巡检内容	500kV 区域红外测温点
注意事项	建议晚上巡检

7.3.7　室内轨道机器人巡检应用

在继保室、高低压开关室安装室内轨道机器人，用于巡视继保室内二次屏柜的设备工作状态，完成开关柜红外测温、局部放电检测、柜面及保护装置信号状态指示灯的全自动识别，继保室保护屏柜连接片状态、空气断路器位置、电流端子状态、装置信号灯指示以及数显仪表的全自动识别读数，并且采用导轨滑触式供电方式，实现 24h 不间断巡视。

其安装、运行、巡视相关图片分别如图 7-48～图 7-50 所示。

图 7-48　室内轨道机器人安装过程实物图

图 7-49　室内轨道机器人运行实景图

(a) 表计读数

(b) 开关状态

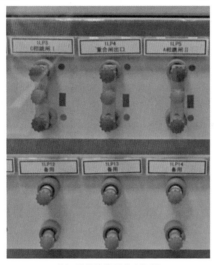
(c) 连接片位置状态识别

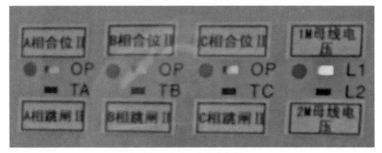
(d) 工作指示灯状态识别

图 7-50　室内轨道机器人巡视效果图

7.3.8　无人机巡检应用

站内安装一套无人机系统，采用就地巡检与移动式巡检相结合的集控站飞巡模式，按高、中、低三层维度规划航线 195 条，航拍点位 5786 处。无人机巡视点位空间分布如图 7-51 所示。

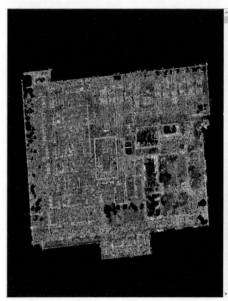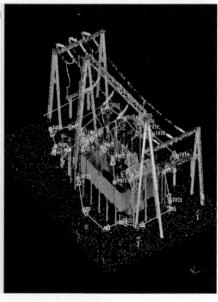

图 7-51　无人机巡视点位空间分布示意图

变电站无人机（如图 7-52 所示）巡检系统配置如下：

（1）配置高清可见光检测设备，在距离目标 10m 处获取的可见光图像中可清晰辨识厘米级元件。

（2）配置红外检测设备，且红外图像分辨率不低于 640×480。

图 7-52　无人机及机巢实物图

（3）配置紫外检测设备，最小紫外光灵敏度不大于 $8\times10^{-18}\text{W/cm}^2$，最小可见光灵敏度不大于 0.7lx，电晕探测灵敏度小于 5pC。实现飞控信息与任务视频的实时上下传输。

无人机路线规划是按照航线正下方除导线以外无其他设备、航线主要沿变电站检修和巡视道路原则，结合变电站场地情况，规划无人机巡检航线。

拍摄点位线规按照一次性完成一条航线内所有巡视设备拍摄任务、满足设备不停电安全距离要求、面对设备先右后左/从下至上的原则进行设计，尽量避免无人机在设备间来回穿行。

无人机飞行航线及管理系统工作界面如图 7-53、图 7-54 所示。

图 7-53　无人机飞行航线图

图 7-54　无人机管理系统工作界面

自主巡检航线存储内容包含航线轨迹、覆盖设备、点位设置、规划方式、规划时间、现场校核等信息。

通过三维模型规划的自主巡检航线经现场校核合格才能使用。

自主巡检航线周围设备、环境发生变化后，如有可能影响无人机安全飞行，需要重新规划航线并经现场校验合格。

使用该无人机巡视系统，可发现平常巡视角度无法发现的母线上部夹板及固定螺栓严重锈蚀、绑线松脱等设备严重缺陷，如图 7-55 所示，提高巡视质量，避免设备事故发生。

(a) 固定引线绑扎松动　　　　(b) 夹板及固定螺栓锈蚀　　　　(c) 固定绑线松脱变形

图 7-55　无人机巡视效果图

7.3.9　声纹识别分析巡检应用

常见的电力设备的声音事件检测如表 7-4 所示，比如变压器螺栓松动导致的声音、配电柜局部放电产生的声音、GIS 隔离开关闭合异常导致的声音。

表 7-4　　　　　　　　　　　　电力设备的声音事件检测

缺陷类型	现象类型	声波频段	可能原因
设备异响	"噼啪"声	可听声 20Hz～20kHz	接套管连接部位、油箱法兰连接螺栓接触不良引起的放电
	"嘶嘶"声		套管表面或导体棱角电晕放电
	"咕咯"沸腾声		局部过热或充氮灭火装置氮气充入本体
	"哇哇"声		过载或冲击负载产生的间歇性杂声
	杂音明显增大		铁芯结构件松动、连接部位的机械振动、直流电流
	高频率尖锐声		过励磁、谐波电流、直流偏磁
局部放电	气隙放电	20kHz 以上	绝缘介质工艺缺陷导致内部存在杂质或者气隙
	沿面放电		当电压超过限定时，在固体介质和空气的分界面上出现沿着固体表面的放电现象
	电晕放电		气体介质在不均匀电场中的局部自持放电

在变电站内，按图 7-56 结构部署了一套声纹分析系统。

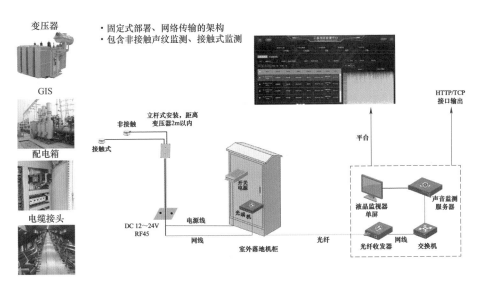

图 7-56　声纹识别系统框架图

在应用过程中，发现了图 7-57 所示缺陷。

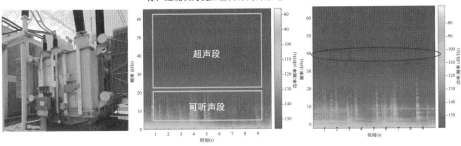

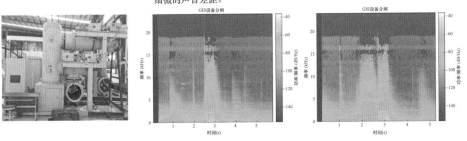

图 7-57　声纹识别系统分析结果

7.3.10 阀厅巡检应用

在阀厅内部安装云台红外热成像仪、轨道型红外热成像仪、地面巡视机器人，完成阀厅内部设备的工作状态巡视。

阀厅巡检设备安装及巡视效果如图 7-58、图 7-59 所示。

图 7-58 阀厅巡检设备安装实物图

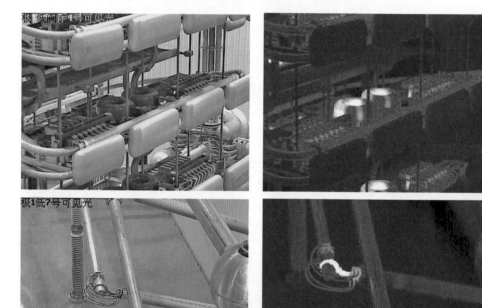

图 7-59 阀厅巡检设备巡视效果图（一）

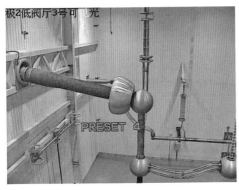

图 7-59　阀厅巡检设备巡视效果图（二）

　　巡视系统采用红外智能设备识别技术，在 0.2s 内完成一个检测点的设备识别定位，同时完成设备工作状态判别，将设备工作状态以符合电网标准的格式上传到上级主站系统。

　　阀厅巡检系统设备识别功能效果如图 7-60 所示。

图 7-60　阀厅巡检系统设备识别功能效果图

对于系统采集的热图进行自动识别，通过图像配准的方法识别出该热图包含的有效设备目标，保证温度监测的有效性。

巡视系统建立所有设备以及设备部件的管理体系，在自动巡检的同时对本红外热成像仪巡视范围内的所有设备部件进行温度分析记录，如图 7–61 所示。在报警的时候可以详细到具体设备故障部位。

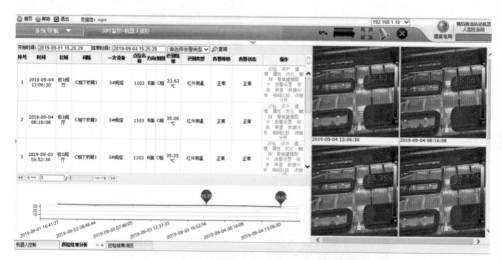

图 7–61 阀厅巡检系统设备数据分析功能

该站在柔直阀厅中安装一套柔直阀厅智能巡检机器人系统，如图 7–62～图 7–64 所示，自动完成阀厅冷却水泄漏的监测、阀组件工作状态特征的自动监测，并将机器人系统搭载的红外热成像仪、高清相机监测视频以 VR 实景的方式展现出来，完成阀厅内部设备工作状态的全面监测，实现例行巡检工作的智能化和信息化。

图 7–62 阀厅巡检机器人实物图

图 7-63　阀厅巡检机器人三维效果图

图 7-64　阀厅巡检机器人充电状态

7.3.11　二次设备巡视操作应用

变电站配置了自动操作机器人系统，如图 7-65、图 7-66 所示，机器人配备红外、可见光和声音巡视平台，搭载机械臂，采用激光制导及惯性制导技术，定时自动从充电点出发，按照设定的路线行走，乘坐专用电梯，运行至负一楼对阀冷设备进行巡检，在一楼各个小室内进行自动巡检，乘坐客用电梯至二楼继保室内进行自动巡视。

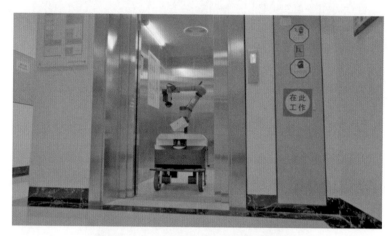

图 7-65 自动操作机器人实物图

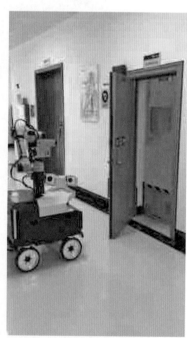

图 7-66 自动操作机器人进出自动门及自动防鼠板

变电站在需要巡检测温的重要二次屏柜，安装自动控制的开门机构，确保机器人在巡检该屏柜时，能控制打开屏柜门，达到测量屏柜内部工作温度的目的，如图 7-67、图 7-68 所示。

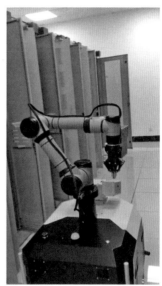

图 7-67　机器人远程控制屏柜门控制器

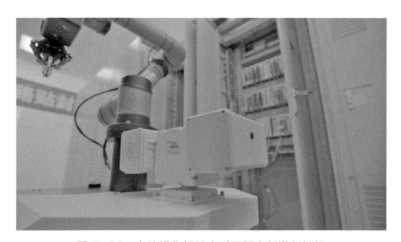

图 7-68　自动操作机器人对屏柜内部进行巡视

　　在巡检机器人运行到需要监测内部工作温度的屏柜设备前时，机器人系统会下发命令，打开屏柜门，然后采用红外热成像仪完成对屏柜内部设备工作温度状态的监测。

　　机器人拍摄的屏柜内部设备工作温度效果如图 7-69 所示。

图 7-69　自动操作机器人对屏柜内部温度工作状态巡视效果

机器人上安装了局部放电在线监测系统，用于检测开关柜内部的局部放电情况，可以通过超声波、地电波两种原理来检测，如图 7-70 所示。

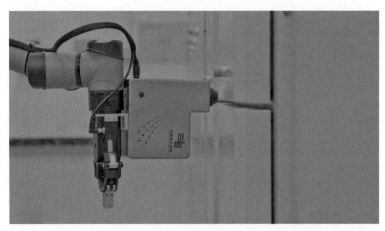

图 7-70　自动操作机器人对开关柜进行局部放电检测

巡检机器人系统配置有专用遥控机械臂，允许操作人员远程遥控完成对高低压开关柜上开关的操作动作。为了确保操作安全，机械臂前端增加摄像头，用于人工确认。

将机械臂安置于机器人本体，如图 7-71 所示，通过远端发送的操作指令，对开关柜进行按钮操作。

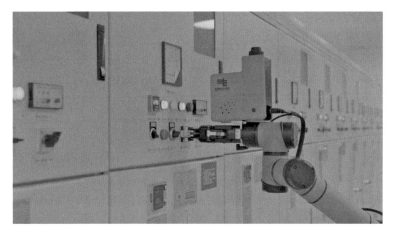

图 7-71　自动操作机器人对开关进行操作

7.3.12　材料清册

主变压器高压电抗器区域巡视覆盖材料配置如表 7-5 所示。

表 7-5　　　　　　　主变压器高压电抗器区域巡视覆盖材料配置

序号	设备名称	单位	数量
一	**智慧巡检前端设备**	—	—
1	室外红外双光谱热成像云台摄像机	台	48
2	室外高清可见光云台摄像机	台	371
3	常规阀厅红外双光谱热成像云台摄像机（轨道型）	台	28
4	柔直阀厅红外双光谱热成像云台摄像机	台	1
5	高清可见光枪机	台	18
6	柔直阀厅巡检机器人	台	2
7	室外轮式巡检机器人	台	2
8	室内轨道型巡检机器人	台	2
9	主控楼全面巡检操作机器人	台	1
10	拾音器	台	18
11	室内高清球机	台	3
12	室内防爆高清球机	台	3
13	全景球形摄像机	台	1
14	灵瞳相机	台	2
15	读表器	台	48

序号	设备名称	单位	数量
16	屏柜内部测温卡片机	台	48
17	室外巡检无人机	台	1
18	白光微距相机	台	34
19	双光谱球机	台	28
20	周界枪机	台	50
二	**智慧巡检站端设备**	—	—
1	智能巡检一体化服务器	台	1
2	智能分析服务器	台	1
3	屏柜	面	6
4	视屏存储设备及硬盘	套	1
5	核心交换机	台	2
6	接入交换机	台	12

≫ 7.4 应 用 成 效 ≪

7.4.1 质效提升

1. 实现变电站巡检工作模式转变

通过变电站智慧巡检系统实现了对全站设备进行自主巡视，可替代变电站运维人员开展日常巡视、红外测温、表计抄录等大量重复性工作和在暴雨、台风等特殊天气下开展设备巡视，具备从人工巡检向智慧巡检模式转变的条件。

一是可见光巡视替代。按照"变电五通"设备巡视要求，采用智能巡检机器人、高清摄像机、无人机等设备，实现远程自动化巡视和数据采集分析，可替代人工例行巡视、熄灯巡视和特殊巡视等工作。

二是红外测温替代。通过在线式红外和机器人红外对设备发热状态进行分析判断，可由人工离线式测温转变为在线连续测温，提高设备测温的及时性。

三是表计抄录替代。通过巡检机器人、高清摄像机等巡视手段，可自主识别油温油位等表计读数，自动上传至智慧巡视系统，具备表计远程自动抄录功能。

四是提高巡视效率。通过智慧巡检系统可节约单次巡视时间，单次例行巡视时间可由人工巡视 3h 下降至机器巡视 1h，最终可大幅提高巡视效率。

2. 提升运维人员履职能力

变电站智慧巡检系统应用人工智能等先进技术，为运维人员提供高效监控手段，帮助运维人员及时掌握设备运行状态，降低基层人员工作压力，提升巡检工作效率，为运维人员提高状态感知能力、缺陷发现能力、设备管控能力、主动预警能力和应急处置能力提供有力技术支撑。

3. 提升变电站巡检点位覆盖率

智慧巡检系统联合应用高清视频、机器人、无人机等多种手段，弥补了单一巡视手段覆盖范围不足的问题，提升了变电站巡视点位的覆盖率。

4. 提高事故应急处置能力

当大型充油设备突发故障时，运维人员可立即通过变电站智慧巡检系统远程检查设备状况，掌握事故影响范围，开展设备故障原因预判和紧急响应，降低运维人员现场作业危险性。

7.4.2　成效案例

1. 远程红外测温

运维人员通过智慧巡检系统巡视发现 1 号主变压器 A 相低压侧出线 A 相过渡管形母线西侧抱箍一处固定螺栓严重发热缺陷，自发现起，站内立即为该螺栓增设了智能巡视红外特巡任务，每 4h 进行一次温度复测，记录热点温度统计表，跟踪缺陷发展趋势，直至缺陷消除。测温效果如图 7-72 所示。

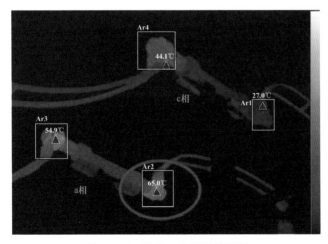

图 7-72　远程红外测温效果图

2. 高处设备巡视

运维人员例行开展 1000kV 某线高压电抗器视频巡检工作，通过固定摄像头球机发现 A 相龙门架西侧弓子线线路侧八变四线夹下端引线有细铁丝状异物。其巡视效果如图 7-73 所示。

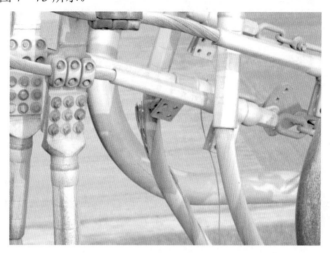

图 7-73 高处设备巡视效果图

3. 表计巡视

某地出现大幅降温、降雪天气，正值 1000kV 某线高压电抗器 GOE 套管拉杆底座隐患治理期间，突降大雪对隐患治理产生影响，拉杆更换完成后高压电抗器高压套管油位显示为零，为确定是天气温度的原因对套管油位造成影响，锡盟站立即启动远程智慧巡检系统摄像头对三相套管油位进行监测，每 2h 记录一次数据，进行横向对比，最终高压电抗器油温上升后，套管油位显示正常，确定为低温原因影响，而非套管本身故障。表计巡视效果如图 7-74 所示。

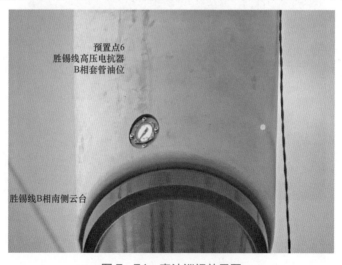

图 7-74 表计巡视效果图

4. 远程读数确认

站内进行例行巡检，检查 5021 间隔的相关断路器状态、SF$_6$ 表计读数，此时运维班组可以通过数字孪生场景中的设备管理，找到对于 5021 开关的 SF$_6$ 表计，通过对 SF$_6$ 表计的查勘（该数据通过中台获取），同时调用点位监测摄像头，进行现场读数确认，极大提高现场抄表的工作效率。远程读数确认效果如图 7 - 75 所示。

图 7 - 75　远程读数确认效果图

5. 巡检点位辅助

某站内已经有厂商按照站内效果进行了巡检点位设定，此时站内版本可以在数字孪生场景中按照对应的点位标定，并根据实时的摄像头参数进行设定，通过三维场景中的查勘，实现对点位的复核辅助，极大提高点位复核的工作效率，并且降低施工返工率。巡检点位辅助确认三维效果如图 7 - 76 所示。

图 7 - 76　巡检点位辅助确认三维效果图

7.4.3 前景展望

变电站通过应用高清视频系统、红外热成像、室内外巡检机器人、无人机巡检等技术，基本实现了变电站巡检工作由人工巡检至智慧巡检模式的转变，极大提升了运维人员履职能力，同时提高了变电站巡检点位覆盖率和事故应急处置能力，但仍存在信息化手段不足、数字化巡检匮乏、人机交互僵化等问题，主要体现在全站视频监控、实景孪生、作业安全管控、远程协同管控、设备智能巡视、三维数字巡检、三维模拟演练等方面不足。同时，在各网省公司逐步完成中台化改造、PMS3.0 从试点网省向其他网省推广阶段，建设省级数字孪生平台十分必要，由国家电网总部统一顶层设计，构建省级数字孪生巡检平台，与企业中台、实时量测中心、两库一平台、物联管理平台交互，统一管理全省巡检工作方式，减少重复建模投资，实现数据实时共享、虚实实时交互、虚实共生共融，助力电网巡检管理进入数字孪生时代，做到所见即所巡，让用户直接获得巡检信息，屏蔽具体的子系统，在数字孪生变电站中实现指哪看哪。

1. 远程智慧巡检

数字孪生技术实现设备虚拟巡检、无人机巡检、机器人巡检，并通过后台的空间坐标位置计算和空间视野分析算法为变电站智慧巡检系统部署调试提速，通过对巡检点位的管理、视频点位管理，实现机器人远程巡检，提供全新的调试手段，简化调试工序、提升调试效率，加快部署速度。远程巡检主要包括智能研判、辅助巡检两大模块。

（1）智能研判。系统以变电站三维虚拟场景为基础，可以在虚拟场景过程中选取所需检修设备进行状态分析和故障诊断。

1）设备状态分析。以数据驱动模型为基础，显示设备当前所处运行状态、发展趋势及潜在风险等信息。例如显示主变压器温度场分布及变化趋势。

2）设备故障诊断。以数据驱动模型为基础，显示故障设备故障类型、故障原因及故障定位等信息。例如诊断由于绕组温度过高而引起的相间短路故障。

（2）辅助巡检。以变电站三维虚拟场景为基础，可在虚拟场景中对设备进行虚拟巡检操作。如可打开开关柜，每一步的操作都基于安全操作规范的顺序要求，当符合安全操作规范的操作开展时，该项操作可成功进行，当违背安全操作规范的操作触发时，该项操作失败且系统将提示安全操作规范操作流程，辅助变电站工作人员熟悉整个巡检作业流程。

2. 全站实景孪生

依托设备三维模型和数字孪生技术，立体呈现设备运行、监测数据及异常告警等实时信息。结合视频监控系统，通过视频融合技术，构建建设动态立体实景环境。实现将监室、周界等重点区域单一局部分散的视频还原成真实整体的三维动态虚实融合场景，做到实时视频画面和建筑结构、地理环境空间融合、统一浏览和动态掌控。解决一线人员频繁手动操控等问题，节省人员成本，减少人脑分析过程，所见即所得。在录像回放时，实现录像画面与三维场景的时空融合回放，做到在宏观整体场景中可视化事件研判，可进行统一时间轴的所有视频快进、慢进等回放控制，提升事件查询和研判效率。

3. 作业安全管控

以一线作业人员为中心，将检修计划与工作票自动关联，依托图像识别及人工智能算法，从规则绑定、数据下发、摄像头/虚拟电子围栏启动、实时监控与分析、预警推送等全流程自动化，完成工作票数据的下发与违章行为的智能分析，在数字孪生系统完成设备三维信息、设备台账、设备的运行检修缺陷履历、停电设备、工作范围全景展示，同时利用数字孪生的查勘工具，完成虚拟安全围栏布设、安全距离测距，并能对重要信息进行截图存储，形成查勘记录的可视化展示。现场工作负责人在进行现场勘查时，APP 支持上传查勘记录，并将记录推送至风险管控平台。推进运检业务，提高现场作业的智能化水平，进一步提升安全管控效率，打破智能分析自动化壁垒，提升现场安全风险管控能力。

4. 远程协同管控

依托变电站数字孪生平台，开展远程巡视控制，可支持上级单位远程调阅变电站内图像，实现远程巡视与摄像头的远程控制；开展多方协同标绘，依托视频融合等底座实现远程、站内异地协同标绘作业、应急等线路方案。利用图像识别算法对主变压器场区、站用变压器区、GIS 室、其他站内外设备开展辅助巡视；配置巡视方案，按需自定义指定设备的例行巡视、特殊巡视方案，设定巡视周期和点位；开展巡视任务管理和巡视结果统计；开展变位追视联动，对设备变位状态联动调阅对应的视频资源，如展示隔离开关、断路器动作实时视频。

5. 多维信息可视化

依托变电站三维模型，在区域中对应呈现重要的概览信息，根据定位显示设备上配置的传感器及其监测数据，进行测点定位呈现；在三维场景中点选设备，关联该设备在其他核心功能中的重要资料，实现设备重要信息的呈现；关联站内告警信息，定位至设备进行告警提醒；依托三维复现故障过程，将故障录波记录在三维场景中形象呈现。

6. 三维数字巡检

依托变电站数字孪生平台，开展自由配置巡检，自定义制定巡检方案、编辑巡检点，系统自动按预设信息执行巡检，并生成巡检方案；开展视频自动巡检，自定义指定巡视方案、配置视频点位，自动切换播放视频监控画面，在三维场景进行自动巡检；开展三维漫游巡检，以第一人称进行三维场景实景漫游，自动根据漫游检查的点位生成巡检报告。

7. 三维模拟演练

依托变电站数字孪生平台，开展大型作业预演，在三维场景中设置预演方案，进行大型作业方案预演；开展应急处置预演，在三维场景中设置预演方案，进行火灾等应急预演。

参 考 文 献

[1] 黄山，吴振升，任志刚，等. 电力智能巡检机器人研究综述［J］. 电测与仪表，2020，v57（2）：26－38.

[2] 王首坚. 架空输配电线路无人机智慧巡检系统研究［J］. 电力系统装备，2020（9）：136－138.

[3] 卢航. 基于 IPv6 的电力需求侧通信网络架构研究［D］. 湖南：湖南大学，2016.

[4] 张春晓，陆志浩，刘相财. 智慧变电站联合巡检技术及其应用［J］. 电力系统保护与控制，2021，49（9）：158－164.

[5] 何奉禄，陈佳琦，李钦豪，等. 智能电网中的物联网技术应用与发展［J］. 电力系统保护与控制，2020，48（3）：58－169.

[6] 詹新明，黄南山，杨灿. 语音识别技术研究进展［J］. 现代计算机（专业版），2008（9）：43－45＋50.

[7] 孙志远，鲁成祥，史忠植，等. 深度学习研究与进展［J］. 计算机科学，2016，43（2）：1－8.

[8] 周俊煌，黄廷城，谢小瑜，等. 视频图像智能识别技术在输变电系统中的应用研究综述［J］. 中国电力，2021，54（1）：124－134＋166.

[9] 王爱平. 视频目标跟踪技术研究［D］. 长沙：国防科学技术大学，2011.

[10] 丰晓霞. 基于深度学习的图像识别算法研究［D］. 太原：太原理工大学，2015.

[11] 蒋树强，闵巍庆，王树徽. 面向智能交互的图像识别技术综述与展望［J］. 计算机研究与发展，2016，53（1）：113－122.

[12] 陈凯，朱钰. 机器学习及其相关算法综述［J］. 统计与信息论坛，2007（5）：105－112.

[13] 高伟，杨林贵. 电力通信网络在运设备的多维健康评估模型研究［J］. 自动化技术与应用，2022，41（4）：67－69，73.

[14] 张丽，郝佳恺. 5G 网络切片电力通信业务与测试技术研究［J］. 电力信息与通信技术，2022，20（5）：74－79.

[15] 杨东升，王道浩，周博文，等. 泛在电力物联网的关键技术与应用前景［J］. 发电技术，2019，40（2）：107－114.

[16] 杨挺，翟峰，赵英杰，等. 泛在电力物联网释义与研究展望［J］. 电力系统自动化，

2019, 43 (13): 8-20.

[17] 赵鹏, 蒲天骄, 王新迎, 等. 面向能源互联网数字孪生的电力物联网关键技术及展望 [J]. 中国电机工程学报, 2022, 42 (2): 447-458.

[18] 田世明, 栾文鹏, 张东霞, 等. 能源互联网技术形态与关键技术 [J]. 中国电机工程学报, 2015, 35 (14): 3482-3494.

[19] 蒲天骄, 陈盛, 赵琦, 等. 能源互联网数字孪生系统框架设计及应用展望 [J]. 中国电机工程学报, 2021, 41 (6): 2012-2029.

[20] 辛保安, 单葆国, 李琼慧, 等. "双碳"目标下"能源三要素"再思考 [J]. 中国电机工程学报, 2022, 42 (9): 3117-3126. DOI: 10.13334/j.0258-8013.pcsee.212780.

[21] 李晖, 刘栋, 姚丹阳. 面向碳达峰碳中和目标的我国电力系统发展研判 [J]. 中国电机工程学报, 2021, 41 (18): 6245-6259.

[22] 张智刚, 康重庆. 碳中和目标下构建新型电力系统的挑战与展望 [J]. 中国电机工程学报, 2022, 42 (8): 2806-2819.

[23] 江秀臣, 许永鹏, 李曜丞, 等. 新型电力系统背景下的输变电数字化转型 [J]. 高电压技术, 2022, 48 (1): 1-10.

[24] 盛戈皞, 钱勇, 罗林根, 等. 面向新型电力系统的电力设备运行维护关键技术及其应用展望 [J]. 高电压技术, 2021, 47 (9): 3072-3084.

[25] 刘亚东, 陈思, 丛子涵, 等. 电力装备行业数字孪生关键技术与应用展望 [J]. 高电压技术, 2021, 47 (5): 1539-1554.

[26] 国家市场监督管理总局 中国国家标准化管理委员会. 智慧城市 数据融合 第 1 部分: 概念模型: GB/T 36625.1—2018 [S]. 北京: 中国质检出版社, 2018.

[27] 国家市场监督管理总局 中国国家标准化管理委员会. 物联网 感知对象信息融合模型: GB/T 37686—2019 [S]. 北京: 中国标准出版社, 2019.

[28] 赵振兵, 广泽晶, 高强, 等. 采用 CT 域 HMT 模型的变电设备红外和可见光图像融合 [J]. 高电压技术, 2013, 39 (11): 2642-2649.

[29] 王有元, 李后英, 梁玄鸿, 等. 基于红外图像的变电设备热缺陷自调整残差网络诊断模型 [J]. 高电压技术, 2020, 46 (9): 3000-3007.

[30] 王丰华, 刘国坚, 张宏钊, 等. 基于改进 C-V 模型的外绝缘放电紫外图像特征量提取 [J]. 高电压技术, 2018, 44 (8): 2525-2532.

[31] 阮羚, 谢齐家, 高胜友, 等. 人工神经网络和信息融合技术在变压器状态评估中的应用 [J]. 高电压技术, 2014, 40 (3): 822-828.

[32] 宁剑, 任怡睿, 林济铿, 等. 基于人工智能及信息融合的电力系统故障诊断方法[J]. 电网技术, 2021, 45 (8): 2925-2936.

[33] 江秀臣，刘亚东，傅晓飞，等. 输配电设备泛在电力物联网建设思路与发展趋势[J]. 高电压技术，2019，45（5）：1345－1351.

[34] 徐宝军，李新海，罗海鑫，等. 基于建筑信息模型技术的变电站机器人智能巡检系统研究与应用［J］. 供用电，2020，37（11）：8－14.

[35] 杨青，黄树帮，张海东，等. 智能变电站信息模型工程应用标准化校验技术［J］. 电力系统自动化，2016，40（10）：132－136.

[36] 王小虎，郭广鑫，董佳涵，等. 变电站应用实景复制技术建模和网络安全监控［J］. 中国电力，2021，54（11）：221－228.

[37] 刘广一，戴仁昶，路轶，等. 电力图计算平台及其在能源互联网中的应用［J］. 电网技术，2021，45（6）：2051－2063. DOI：10.13335/j.1000－3673.pst.2020.1432.

[38] 管必萍，戴人杰，余浩斌，等. 基于电网一张图的"三链融合"模型构建和应用［J］. 电力与能源，2021，42（1）：61－64.

[39] 刘广一，谭俊，魏龙飞，等. 基于云雾边协同理念的"电网一张图"维护与自动更新策略研究［J］. 电力信息与通信技术，2020，18（4）：25－32.

[40] 李政，陈思源，董文娟，等. 碳约束条件下电力行业低碳转型路径研究［J］. 中国电机工程学报，2021，41（12）：3987－4001. DOI：10.13334/j.0258－8013.pcsee.210671.

[41] 杨帆，朱力，刁冠勋，等. 面向电力设备数字孪生的 RFID 传感器与数据传输协议设计［J］. 高电压技术，2022，48（5）：1634－1643.

[42] 江秀臣，盛戈皞. 电力设备状态大数据分析的研究和应用［J］. 高电压技术，2018，44（4）：1041－1050. DOI：10.13336/j.1003－6520.hve.20180329001.

[43] 黄家晖，次仁欧珠，周欢，等. 基于绿电指数的园区常态化低碳运行机制［J］. 高电压技术，2022，48（7）：2554－2562.

[44] 卢扬，李永丽. 基于实时状态评估与剩余寿命计算的高压断路器预测性维护策略［J］. 高电压技术，2022，48（7）：2716－2726.

[45] 吴秋莉，邓雨荣，张炜，等. 变电设备动态增容系统的设计与实现［J］. 电力建设，2015，36（5）：66－71.

[46] 沈小军，于忻乐，王远东，等. 变电站电力设备红外热像测温数据三维可视化方案［J］. 高电压技术，2021，47（2）：387－395.

[47] 肖懿，罗丹，蒋沁知，等. 基于温度概率密度的变电站高压设备故障热红外图像识别方法［J］. 高电压技术，2022，48（1）：307－318.

[48] 许焕清，马君鹏，王成亮，等. GIS 设备典型缺陷的 X 射线数字成像检测技术［J］. 电网技术，2017，41（5）：1697－1702.

[49] 许辰航，陈继明，刘伟楠，等. 基于深度残差网络的 GIS 局部放电 PRPD 谱图模式识

别 [J]. 高电压技术，2022，48（3）：1113 - 1123.

[50] 周俊煌，黄廷城，谢小瑜，等. 视频图像智能识别技术在输变电系统中的应用研究综述 [J]. 中国电力，2021，54（1）：124 - 134 + 166.

[51] 姜骞，刘亚东，严英杰，等. 电力设备多源异构数据空间合成与立体展示方法 [J]. 高电压技术，2022，48（1）：66 - 74.

[52] 崔宇，侯慧娟，苏磊，等. 考虑不平衡案例样本的电力变压器故障诊断方法 [J]. 高电压技术，2020，46（1）：33 - 41.

[53] 刘元津，赵健，林玥，等. 基于 VR 的变电运维 110kV 技能培训系统 [J]. 电子测量技术，2019，42（21）：131 - 136.

[54] 徐伟强，魏云冰，路光辉. 电力电缆及隧道在线监测与移动巡检协同策略探讨 [J]. 电测与仪表，2019，56（19）：121 - 125. DOI：10.19753/j.issn1001 - 1390.2019.019.020.

[55] 严智敏，朱大昌，徐顺建. 面向变电站多机器人智能协同巡检系统的研究分析 [J]. 机电工程技术，2019，48（5）：53 - 56 + 284.

[56] 李靖，杨帆，王丽. 1 种机器人工作区域协同搜索避障巡检策略 [J]. 中国安全生产科学技术，2020，16（6）：23 - 29.

[57] 张永涛. 变电站多机器人协同巡检区域划分与路径规划 [J]. 山东电力技术，2021，48（9）：12 - 16.

[58] 陆烨，吴立刚. 基于物联网的变电站多边协同智能监控系统研究与应用 [J]. 安防科技，2020（21）：51.

[59] 曾林，高彦波，王胜涛，等. 基于机器人视频监控的变电站多维巡检技术研究 [J]. 自动化与仪表，2021，36（2）：105 - 108. DOI：10.19557/j.cnki.1001 - 9944.2021.02.022.

[60] 张春晓，陆志浩，刘相财. 智慧变电站联合巡检技术及其应用 [J]. 电力系统保护与控制，2021，49（9）：158 - 164. DOI：10.19783/j.cnki.pspc.201045.

[61] 陈南凯，王耀南，贾林. 基于改进生物激励神经网络算法的多移动机器人协同变电站巡检作业 [J]. 控制与决策，2022，37（6）：1453 - 1459. DOI：10.13195/j.kzyjc.2020.1714.

[62] 蔡义清，韩文德，等. 电力行业数字孪生技术应用白皮书 2022 [M]. 北京：中国电力企业联合会科技开发服务中心，2022.